T0222256

Springer-Lehrbuch

Springer

Berlin
Heidelberg
New York
Barcelona
Hongkong
London
Mailand
Paris
Tokio

Annette Werner

Elliptische Kurven in der Kryptographie

Springer

Dr. Annette Werner
Westfälische Wilhelms-Universität
Fachbereich Mathematik und Informatik
Einsteinstr. 62
48149 Münster
Deutschland
e-mail: werner@math.uni-muenster.de

Mathematics Subject Classification (2000): 94A60 (11G20, 14G50)

Die Deutsche Bibliothek – CIP-Einheitsaufnahme

Werner, Annette:
Elliptische Kurven in der Kryptographie / Annette Werner. - Berlin; Heidelberg; New York; Barcelona; Hongkong;
London; Mailand; Paris; Tokio: Springer, 2002
(Springer-Lehrbuch)
ISBN 3-540-42518-7

ISBN 3-540-42518-7 Springer-Verlag Berlin Heidelberg New York

Springer-Verlag Berlin Heidelberg New York
ein Unternehmen der BertelsmannSpringer Science+Business Media GmbH

http://www.springer.de

Satz: Datenerstellung durch die Autorin unter Verwendung eines Springer LaTeX-Makropakets
Einbandgestaltung: *design & production* GmbH, Heidelberg

Gedruckt auf säurefreiem Papier   SPIN: 10848997   44/3142ck - 5 4 3 2 1 0

Für Marcus

Vorwort

Die Anwendung elliptischer Kurven in der Kryptographie ist ein Beispiel für die verblüffende Nützlichkeit der reinen Mathematik. Elliptische Kurven sind geometrische Objekte, die seit langem intensiv aus theoretischem Interesse studiert werden. Seit etwa 1985 finden sie Anwendung in kryptographischen Verfahren, mit denen z.B. geheime Botschaften übermittelt oder digitale Unterschriften geleistet werden können.

Diese Einführung soll Leser mit Grundkenntnissen in Algebra und Linearer Algebra möglichst zügig mit den mathematischen Grundlagen solcher Verfahren vertraut machen. Daher werden elliptische Kurven auf elementarem Niveau behandelt, auch wenn dies gelegentlich dazu führt, daß ein Resultat nur zitiert, aber nicht bewiesen werden kann. Um den Text noch zugänglicher zu machen, sind in einem Anhang die benötigten Begriffe und Resultate aus Algebra, Zahlentheorie und Komplexitätstheorie kurz zusammengestellt.

Dieses Buch ist aus zwei Vorlesungen hervorgegangen, die ich im Wintersemester 2000/2001 und im Sommersemester 2001 an der Westfälischen Wilhelms-Universität Münster gehalten habe. Ich bedanke mich herzlich bei meinen Hörerinnen und Hörern für ihr lebendiges Interesse. Mein Dank gilt ebenfalls Claudia Lücke und Gabi Weckermann für ihre Unterstützung beim Erstellen des LaTeX-Files sowie Christopher Deninger für einige hilfreiche Hinweise.

Münster, im November 2001   *Annette Werner*

Inhaltsverzeichnis

1. Public-Key-Kryptographie

Mit Kryptographie bezeichnet man das Studium mathematischer Techniken, welche die Sicherheit von Informationen betreffen. In der Vergangenheit lag die Bedeutung der Kryptographie vor allem auf dem militärischen und diplomatischen Sektor. Dabei wurden sogenannte symmetrische kryptographische Verfahren verwendet, um geheime Nachrichten zu verschlüsseln. Bevor die verschlüsselten Botschaften übermittelt werden können, einigen sich Sender und Empfänger hier auf einen gemeinsamen geheimen Schlüssel (bei einem persönlichen Treffen, durch einen Kurier ...). Natürlich besteht dabei das Risiko, daß der Schlüssel belauscht oder gestohlen wird. Mit Hilfe dieses Schlüssels kodiert der Sender die geheimen Botschaften und verschickt sie dann durch einen eventuell nicht abhörsicheren Kanal (Brief, Radio ...) an den Empfänger. Dieser benutzt den Schlüssel, um aus dem erhaltenen Kryptogramm wieder die ursprüngliche Botschaft zu machen.

Ein Problem bei diesen symmetrischen Verschlüsselungsverfahren ist der geheime Schlüsselaustausch, der vor dem Senden verschlüsselter Botschaften erfolgen muß. Wenn dazu immer persönliche Treffen oder reitende Boten nötig sind, so müssen diese Verfahren notwendig auf eine kleine, feste Gruppe von Benutzern beschränkt bleiben. In unserer modernen vernetzten Welt bietet sich der Kryptographie allerdings noch ein ganz anderes Anwendungsgebiet. Hier möchte eine große, wechselnde Gruppe von Benutzern per Internet einkaufen und dabei persönliche Daten geheimhalten, elektronische Geldgeschäfte sicher abschließen, Nachrichten digital signieren usw.

Das wirft folgende Probleme auf:

- Wie kann man über öffentliche Kanäle Schlüssel austauschen (die dann für symmetrische Verfahren verwendet werden können)?

- Wie verschlüsselt man Nachrichten, ohne vorher Schlüssel auszutauschen?

- Wie kann man sich durch eine "digitale Unterschrift" ausweisen?

Eine Antwort auf all diese Fragen gibt die Public-Key-Kryptographie oder asymmetrische Kryptographie. Sie geht auf Ideen von Diffie und Hellman aus den siebziger Jahren zurück. Bei Public-Key-Verfahren hat jeder Nutzer A einen öffentlichen Schlüssel, den jeder einsehen kann, und einen privaten Schlüssel, den niemand sonst kennt. Nachrichten werden hier mit Hilfe von Funktionen $x \mapsto f(x)$ verschlüsselt, die zwar leicht zu berechnen, aber nur mit Kenntnis des privaten Schlüssels zu invertieren sind. Kennt man also nur $f(x)$, so ist es praktisch unmöglich, x zu berechnen, es sei denn, man kennt den privaten Schlüssel des rechtmäßigen Empfängers. Damit wird sichergestellt, daß - obwohl jeder $f(x)$ mithören kann - nur eine Person daraus wieder x ableiten kann.

In den folgenden Abschnitten werden wir zwei wichtige Beispiele für solche Einwegfunktionen kennenlernen. Das erste ist das sogenannte RSA-Verfahren, so benannt nach seinen Entwicklern Rivest, Shamir und Adleman. Das zweite Beispiel ist entscheidend für unsere Zwecke. Hier ist f die Funktion "k-tes Vielfaches" in einer endlichen abelschen Gruppe. Die kryptographische Anwendung elliptischer Kurven, die Thema dieses Buches ist, ergibt sich, indem man als Gruppe eine elliptische Kurve über einem endlichen Körper nimmt. Im Rahmen dieses zweiten Beispiels stellen wir Methoden zum Schlüsselaustausch, zur Verschlüsselung und für digitale Unterschriften vor, die die oben angesprochenen Probleme lösen.

1.1 RSA

Wir geben nur einen kurzen Abriß des Verfahrens, für weitere Details sei auf [Bu], 7.2 verwiesen. Hier sehen der öffentliche und der private Schlüssel folgendermaßen aus: Ein Nutzer B, sagen wir Bob, wählt zwei verschiedene (große) Primzahlen p und q und berechnet $n = pq$. Zusätzlich wählt Bob eine Zahl e zwischen 1 und $\varphi(n) = (p-1)(q-1)$, die teilerfremd zu $\varphi(n)$ ist, wobei φ die Eulersche φ-Funktion bezeichnet (siehe 6.3). Er berechnet eine weitere Zahl d zwischen 1 und $\varphi(n)$, so daß

$$ed \equiv 1 \bmod \varphi(n)$$

ist. Dazu kann Bob den erweiterten Euklidischen Algorithmus (siehe 6.1) benutzen, mit dessen Hilfe sich Zahlen d und y mit $1 = de + y\varphi(n)$ bestimmen lassen. Hier ist entscheidend, daß er p und q kennt und damit $\varphi(n)$ berechnen kann.

Bobs öffentlicher Schlüssel ist das Paar (n, e), sein privater Schlüssel ist die Zahl d. Ein weiterer Nutzer A, sagen wir Alice, will Bob eine Nachricht schicken. Sie besorgt sich zunächst Bobs öffentlichen Schlüssel (n, e) und konstruiert damit die Verschlüsselungsfunktion

$$f_B : \mathbb{Z}/n\mathbb{Z} \to \mathbb{Z}/n\mathbb{Z}, \text{ definiert durch } f_B(x) = x^e,$$

Will Alice Bob also die geheime Nachricht $x \in \mathbb{Z}/n\mathbb{Z}$ zukommen lassen, so berechnet sie $f_B(x) = x^e$ und schickt diesen Wert an Bob. Bob empfängt diese chiffrierte Nachricht x^e und berechnet damit $(x^e)^d = x^{ed}$. Wir behaupten nun, daß $x^{ed} = x$ in $\mathbb{Z}/n\mathbb{Z}$ ist. Da nämlich $ed \equiv 1 \bmod \varphi(n)$ ist, gibt es eine ganze Zahl a mit $ed = 1 + a\varphi(n)$. Falls x teilerfremd zu p ist, so gilt

$$x^{ed} = x \cdot x^{a\varphi(n)} \equiv x \bmod p$$

nach dem kleinen Satz von Fermat, da $\varphi(p) = p - 1$ ein Teiler von $\varphi(n)$ ist. Falls x hingegen ein Vielfaches von p ist, so gilt $x^{ed} \equiv x \bmod p$, da beide Seiten modulo p Null sind. Genauso zeigt man $x^{ed} \equiv x \bmod q$. Daraus folgt in der Tat nach dem Chinesischen Restsatz (siehe 6.2), daß $x^{ed} \equiv x \bmod n$ ist. Somit erhält Bob also die ursprüngliche Botschaft x zurück.

Bei diesem Verfahren ist tatsächlich $f_B(x)$ und auch Bobs Entschlüsselung $x^e \mapsto (x^e)^d$ relativ leicht zu berechnen. Die Aufgabe, aus $f_B(x) = x^e$ ohne Kenntnis von d die Botschaft x zu berechnen, ist hingegen ein schwieriges mathematisches Problem. Man kann natürlich versuchen, aus der Kenntnis des öffentlichen Schlüssels (n, e) den privaten Schlüssel d zu ermitteln. Es ist klar, daß ein Angreifer, der die Primfaktoren p und q von n ermitteln kann, auch im Besitz von d ist: er kann ja einfach wie Bob den erweiterten Euklidischen Algorithmus benutzen, um d zu berechnen. Die Aufgabe, eine gegebene Zahl n in ihre Primfaktoren zu zerlegen, heißt Faktorisierungsproblem. Im Rahmen des RSA-Verfahrens ist das Faktorisierungsproblem für n genauso schwierig wie die Bestimmung des privaten Schlüssels aus dem öffentlichen Schlüssel (siehe [Bu], 7.2.4). In der Praxis muß man daher p und

q so groß wählen, daß alle bekannten Faktorisierungsverfahren noch zu langsam wären. Man kann allerdings bisher nicht beweisen, dass das RSA-Verfahren sicher ist. Weder ist nämlich bekannt, ob man nicht auch ohne Kenntnis des geheimen Schlüssels d die Nachricht x^e entschlüsseln kann, noch kann man sicher sein, daß es nicht eines Tages so schnelle Faktorisierungsverfahren gibt, daß p und q für praktische Zwecke zu groß gewählt werden müßten.

1.2 Diskreter Logarithmus

In einer Reihe von wichtigen Verfahren der Public-Key-Kryptographie ist die Verschlüsselungsfunktion f definiert mit Hilfe einer endlichen abelschen Gruppe G, die wir additiv schreiben, d.h. die Gruppenoperation ist

$$(P, Q) \mapsto P + Q$$

und das neutrale Element bezeichnen wir mit 0. Allgemein bekannt sei hier G und ein Element $P \in G$. Ferner sei n die Ordnung der von P erzeugten zyklischen Untergruppe

$$\langle P \rangle = \{kP : k \in \mathbb{Z}\}$$

von G, d.h. n ist die kleinste natürliche Zahl mit $nP = 0$. Nun ist f die Funktion

$$f : \mathbb{Z}/n\mathbb{Z} \longrightarrow \langle P \rangle$$

$$k \bmod n \longmapsto kP.$$

Hier kommen nur solche Gruppen G und Elemente $P \in G$ infrage, für die einerseits kP zu gegebenem k leicht zu berechnen ist, andererseits aber die Bestimmung von k bei bekanntem kP hinreichend schwierig ist. Letzteres heißt auch "Problem des diskreten Logarithmus" in G:

Problem des diskreten Logarithmus (DL-Problem): Bestimme zu den gegebenen Daten $G, P \in G$, $n = \mathrm{ord}(P)$ und $Q \in \langle P \rangle$ das Element $k \bmod n$ in $\mathbb{Z}/n\mathbb{Z}$ mit

$$Q = kP.$$

Die Bezeichnung "Logarithmus" erklärt sich daraus, daß wir hier eine Umkehrabbildung zu der Funktion $k \mapsto kP$ suchen. Hätten wir nämlich die Verknüpfung in G multiplikativ geschrieben (also $(P, Q) \mapsto P \cdot Q$), so wäre dies gerade die Exponentialfunktion $k \mapsto P^k$. Wir benutzen hier allerdings immer die additive Schreibweise, weil dies bei elliptischen Kurven so üblich ist.

Gegeben sei nun eine endliche abelsche Gruppe G und ein $P \in G$, so daß das DL-Problem schwer zu lösen ist. Das bedeutet unter anderem, daß die Ordnung n von P hinreichend groß sein muß. (Sonst könnte man ja alle Elemente $P, 2P, 3P, \ldots$ durchprobieren.)

1.2.1 Diffie-Hellman-Schlüsselaustausch

Dies ist ein Verfahren, mit dem Alice und Bob durch einen öffentlichen Kanal einen geheimen Schlüssel austauschen, der dann für ein symmetrisches Verschlüsselungsverfahren verwendet werden kann. Allgemein zugänglich seien hier die Daten G, n und P. Nun passiert folgendes:

1) Alice wählt zufällig eine ganze Zahl d_A in $\{1, 2, \ldots, n - 1\}$ und schickt das Gruppenelement $d_A P$ an Bob.

2) Bob wählt seinerseits zufällig eine Zahl d_B in $\{1, 2, \ldots, n - 1\}$ und schickt das Gruppenelement $d_B P$ an Alice.

3) Alice berechnet mit ihrer Zahl d_A das Element $d_A(d_B P) = d_A d_B P$; Bob berechnet $d_B(d_A P) = d_B d_A P = d_A d_B P$.

Nun sind also beide im Besitz des Elementes $d_A d_B P$, ohne daß Bob Alice' Geheimzahl d_A oder daß Alice Bobs Geheimzahl d_B kennt. Wir nehmen nun einmal an, die Spionin Eva versucht in den Besitz des Geheimnisses $d_A d_B P$ zu gelangen. Sie kennt die Gruppe G und das Element P und hat die Übertragungen $d_A P$ und $d_B P$ mitgehört. Aus diesen Daten möchte sie nun das Element $d_A d_B P$ berechnen. Diese Aufgabe heißt auch Diffie-Hellman-Problem:

Diffie-Hellman-Problem: Berechne zu zwei Elementen kP und lP in $\langle P \rangle$ das Element klP in $\langle P \rangle$.

Kann Eva das Diffie-Hellman-Problem lösen, so ist sie im Besitz des geheimen Elementes $d_A d_B P$. Es ist klar, daß Eva das Diffie-Hellman Problem lösen kann, wenn sie das DL-Problem in G lösen kann. Bisher ist allerdings nicht bekannt, ob auch die Umkehrung gilt, d.h. ob eine Gruppe, in der das DL-Problem schwer zu lösen ist, auch die Eigenschaft hat, daß das Diffie-Hellman-Problem schwer zu lösen ist.

Das Lösen des Diffie-Hellman-Problems ist allerdings für Eva nicht die einzige Möglichkeit, dieses Verfahren anzugreifen. Sie könnte auch versuchen, sich erst als Alice auszugeben und so mit Bob wie oben einen Schlüssel auszutauschen und dann als Bob getarnt mit Alice einen Schlüssel auszutauschen. Gelingt dies, so muß sie nur noch die verschlüsselten Nachrichten von Alice an Bob abfangen, sie mit ihrem Alice-Schlüssel dekodieren und mit ihrem Bob-Schlüssel wieder verschlüsseln und an Bob weiterleiten. Auf diese Weise kann sie die gesamte geheime Korrespondenz abhören. Dies nennt man auch "Man-in-the-middle Attacke". Es ist also hier entscheidend, daß Alice und Bob sicher sein können, wirklich mit dem angegebenen Absender zu kommunizieren.

1.2.2 ElGamal-Verschlüsselung

Dieses Verfahren, wie auch das folgende, wurde von T. ElGamal entwickelt (siehe [EG]). Jeder Nutzer wählt hier zufällig eine ganze Zahl d in $\{1, \dots, n-1\}$ und erzeugt damit seinen öffentlichen Schlüssel dP. Die Zahl d ist sein privater Schlüssel. Alice möchte eine geheime Botschaft an Bob schicken. Wir nehmen an, daß diese Nachricht ein Element m aus G ist, d.h. daß man auf bekannte Weise Nachrichten (oder zumindest Teilstücke davon) mit Elementen aus G identifizieren kann. Nun passiert folgendes:

1) Alice wählt zufällig eine ganze Zahl k in $\{1, \dots, n-1\}$ und berechnet $Q = kP$. Sie besorgt sich Bobs öffentlichen Schlüssel $d_B P$ und berechnet damit $R = k(d_B P) + m$.

2) Dann schickt sie das Paar (Q, R) an Bob.

3) Bob nimmt seinen privaten Schlüssel d_B, um $d_B Q = d_B k P$ zu berechnen. Nun kann er die Nachricht m ermitteln, indem er $R - d_B Q = k d_B P + m - d_B k P = m$ ausrechnet.

Die Spionin Eva kennt in diesem Fall natürlich G, n und P, sowie Bobs öffentlichen Schlüssel $d_B P$. Außerdem hat sie die Daten $Q = kP$ und $R = k d_B P + m$ mitgehört. Sie kann nun m berechnen genau dann, wenn sie $k d_B P$ berechnen kann. Dazu muß sie ein Diffie-Hellman Problem lösen.

Für die Sicherheit des ElGamal-Verfahrens ist es wichtig, daß Alice für jede Nachricht, die sie verschicken will, ein neues k wählt. Falls sie nämlich dasselbe k benutzt, um die Nachrichten m_1 und m_2 zu verschlüsseln, so kann Eva aus den Übertragungen $(Q, R_1 = kd_BP + m_1)$ und $(Q, R_2 = kd_BP + m_2)$ die Differenz $m_1 - m_2 = R_1 - R_2$ berechnen und so m_2 ermitteln, falls sie die Nachricht m_1 schon kennt.

1.2.3 ElGamal-Signatur

Alice will eine Nachricht m an Bob digital unterschreiben. Dazu verwendet sie den gleichen öffentlichen Schlüssel d_AP und privaten Schlüssel d_A wie in 1.2.2.

Es sei $\mathcal{M}$ die Menge aller möglichen Nachrichten (etwa beliebig lange Folgen von Nullen und Einsen). Dann benötigen wir eine allgemein bekannte Hashfunktion, d.h. eine Funktion

$$h : \mathcal{M} \longrightarrow \{0, 1, \ldots, n - 1\}.$$

Diese Funktion h muß folgende Eigenschaften haben:

i) Es ist praktisch unmöglich, Urbilder unter h zu berechnen, d.h. zu gegebenem $x \in \{0, 1, \ldots, n - 1\}$ ein $m \in \mathcal{M}$ zu finden mit $h(m) = x$.

ii) h ist kollisionsresistent, d.h. es ist praktisch unmöglich, zwei verschiedene Elemente m und m' in $\mathcal{M}$ zu finden mit $h(m) = h(m')$.

Außerdem brauchen wir eine allgemein bekannte, effektiv berechenbare Bijektion $\psi : \langle P \rangle \to \{0, 1, \ldots, n - 1\}$.

Nun passiert folgendes:

1) Alice wählt zufällig eine zu n teilerfremde Zahl k zwischen 1 und $n - 1$ und berechnet das Gruppenelement $r = kP$.

2) Dann berechnet sie das Inverse k^{-1} von k in $\mathbb{Z}/n\mathbb{Z}$ sowie das Element $s = k^{-1}(h(m) - \psi(r)d_A)$ in $\mathbb{Z}/n\mathbb{Z}..$

3) Alice schickt die Nachricht m zusammen mit ihrer Unterschrift (r, s) an Bob.

Wenn Bob prüfen möchte, daß Alice' Unterschrift echt ist, so berechnet er aus $m, (r, s)$ und Alice' öffentlichem Schlüssel d_AP das Gruppenelement $\psi(r)d_AP + sr$ sowie den Hashwert $h(m)$. Er akzeptiert Alice' Unterschrift, wenn

$$\psi(r)d_A P + sr = h(m)P$$

ist. Diese Prüfung klappt offenbar nur dann, wenn

$$\psi(r)d_A + sk \equiv h(m) \bmod n$$

ist, also s wie in 2) gewählt ist!

Angenommen, die Betrügerin Eva möchte Alice' Unterschrift fälschen. Dazu muß sie r und s finden, so daß $\psi(r)d_A P + sr = h(m)P$ ist. Wählt Eva etwa ein beliebiges k und versucht, zu $r = kP$ ein geeignetes s zu finden, so muß sie ein DL-Problem in $\langle P \rangle$ lösen.

Auch hier ist es wichtig, daß Alice für jede Unterschrift ein neues k wählt. Falls sie nämlich die Unterschriften (r_1, s_1) für m_1 und (r_2, s_2) für m_2 mit demselben k erzeugt, so ist $r_1 = r_2$ und $s_1 - s_2 = k^{-1}(h(m_1) - h(m_2)) \bmod n$. Wenn $h(m_1) - h(m_2)$ invertierbar in $\mathbb{Z}/n\mathbb{Z}$ ist, so kann Eva hieraus $k \bmod n$ bestimmen. Da $\psi(r_1)d_A \equiv h(m_1) - s_1 k \bmod n$ ist, kann Eva nun den privaten Schlüssel d_A von Alice berechnen, falls $\psi(r_1)$ invertierbar in $\mathbb{Z}/n\mathbb{Z}$ ist.

Wofür braucht man die oben beschriebenen Eigenschaften der Hashfunktion h? Falls Eva Urbilder von h berechnen kann, so kann sie Alice' Unterschrift folgendermaßen fälschen: Sie wählt eine beliebige ganze Zahl j und berechnet $r = jP - d_A P$. Dann setzt sie $s = \psi(r)$ und sucht ein m mit $h(m) \equiv \psi(r)j \bmod n$. Nun ist (r, s) eine gültige Unterschrift für die Nachricht m! Falls hingegen h nicht kollisionsresistent ist, und Eva ein $m' \in \mathcal{M}$ mit $h(m) = h(m')$ findet, so kann sie Alice' Unterschrift unter m' fälschen, wenn sie im Besitz einer gültigen Unterschrift für m ist. Diese beiden Unterschriften lassen sich nämlich nicht unterscheiden.

In der Praxis ist die Annahme, daß die Abbildung ψ eine Bijektion ist, zu strikt. Es genügt, daß die Urbildmenge jedes Elementes in $\{0, \ldots, n-1\}$ hinreichend klein ist. Außerdem wird meist eine Variante des ElGamal-Verfahrens verwendet (vgl. 5.3).

1.3 Geeignete Gruppen

Um diese Verschlüsselungsverfahren, die auf dem DL-Problem basieren, anwenden zu können, benötigen wir also endliche abelsche Gruppen, in denen das DL-Problem schwer zu lösen ist. Nun gibt uns jeder endliche Körper $\mathbb{F}_q$ mit q Elementen zwei endliche abelsche Gruppen an die Hand, nämlich die additive Gruppe $\mathbb{F}_q$ und die multiplikative Gruppe $\mathbb{F}_q^\times$.

Die Gruppe $\mathbb{F}_q$ ist für unsere Zwecke völlig ungeeignet. Haben wir nämlich hier ein $P \in \mathbb{F}_q$ und ein $Q = kP$ aus der von P erzeugten zyklischen Gruppe $\langle P \rangle = \{0, P, 2P, 3P, \ldots\}$ vorliegen, so ist entweder $P = Q = 0$ oder aber

$$k = \frac{Q}{P}$$

der diskrete Logarithmus, der sich einfach durch eine Division in dem Körper $\mathbb{F}_q$ berechnen läßt.

Die multiplikative Gruppe $\mathbb{F}_q^\times = \mathbb{F}_q \backslash \{0\}$ ist für geschickt gewähltes q schon besser geeignet. Noch besser geeignet sind allerdings die "Punktegruppen" $E(\mathbb{F}_q)$ zu elliptischen Kurven über $\mathbb{F}_q$, denn es gibt Algorithmen zur Lösung des DL-Problems in $\mathbb{F}_q^\times$, die sich (bisher?) nicht auf solche Gruppen $E(\mathbb{F}_q)$ übertragen lassen. Darauf werden wir in 5.2 näher eingehen.

Zuvor sollen elliptische Kurven definiert und untersucht werden. Es handelt sich hierbei um interessante und ausgiebig studierte Objekte der Algebraischen Geometrie, in deren Untersuchung sich Algebra, Zahlentheorie, Geometrie und komplexe Analysis treffen. Seit etwa 1985 werden ihre Anwendungsmöglichkeiten in der Public-Key-Kryptographie untersucht. Im Moment liefern sie die effizientesten bekannten Public-Key-Verfahren. Sie sind in verschiedenen neuen Verschlüsselungsstandards vorgesehen, so daß vielfältige industrielle Anwendungen zu erwarten sind.

2. Elliptische Kurven

Ziel dieses Kapitels ist es, elliptische Kurven zu definieren und die dadurch gegebene Gruppenstruktur zu untersuchen. Dies ist der Inhalt des dritten Abschnittes. Davor müssen wir zunächst einmal allgemeine Kurven studieren. Im ersten Abschnitt beginnen wir mit der Definition einer affinen Kurve als Nullstellenmenge eines Polynoms in zwei Variablen. Um ein Gruppengesetz auf einer elliptischen Kurve zu definieren, ist allerdings noch ein zusätzlicher Punkt "im Unendlichen" vonnöten. Daher definieren wir im zweiten Abschnitt den projektiven Raum sowie projektive Kuren.

Ein Wort der Warnung scheint hier angebracht: Unsere Kurven sind lediglich die Punktmengen von Kurven im Sinne der algebraischen Geometrie, wo sie als "topologischer Raum" zusammen mit einer "Garbe von Funktionen" definiert werden. Diese Vereinfachung erlaubt uns eine zügige Einführung elliptischer Kurven und reicht für das Verständnis kryptographischer Anwendungen aus. An ein paar Stellen müssen wir allerdings Resultate über elliptische Kurven zitieren, zu deren Beweis der Begriffsapparat der algebraischen Geometrie notwendig ist. Es sei dem Leser also ans Herz gelegt, sich mit der Theorie, die wir hier unterschlagen, eingehender zu beschäftigen, etwa anhand von [Fu], [Ha] und [Si].

In diesem Kapitel sei F ein beliebiger Körper, also etwa $\mathbb{Q}, \mathbb{R}, \mathbb{C}$ oder ein endlicher Körper $\mathbb{F}_q$. Für die kryptographischen Anwendungen wird später immer $F = \mathbb{F}_q$ sein, aber unsere allgemeinen Untersuchungen über elliptische Kurven hängen nicht von der Wahl des Grundkörpers ab.

2.1 Affine Kurven

Definiton 2.1.1 *i) Es sei f ein Polynom in zwei Variablen x und y mit Koeffizienten in F:*

$$f(x,y) = \sum_{\nu_1,\nu_2 \geq 0} \gamma_{\nu_1,\nu_2}\, x^{\nu_1} y^{\nu_2}$$

mit $\gamma_{\nu_1,\nu_2} \in F$, von denen nur endlich viele ungleich Null sind. Wir nehmen an, daß $f \neq 0$ ist. Dann bezeichnen wir die Menge der Nullstellen von f in $F \times F$ als $C_f(F)$ (oder auch $C(F)$):

$$C(F) = C_f(F) = \{(a,b) \in F \times F : f(a,b) = 0\}.$$

Jede solche Nullstellenmenge $C_f(F)$ nennen wir eine affine ebene Kurve.

ii) Statt $F \times F$ schreiben wir auch $\mathbb{A}^2(F)$, also

$$\mathbb{A}^2(F) = \{(a,b) : a,b \in F\}$$

und nennen diese Menge den "zweidimensionalen affinen Raum".

Falls zum Beispiel das Polynom f so aussieht:

$$f(x,y) = y^2 - x^3 - x,$$

und $F = \mathbb{F}_p$ ist für eine Primzahl p, so ist

$$C_f(\mathbb{F}_p) = \{(a,b) \in \mathbb{F}_p \times \mathbb{F}_p : b^2 = a^3 + a\}.$$

$C_f(\mathbb{F}_p)$ ist nicht die leere Menge, denn der Punkt $(0,0)$ ist immer eine Lösung dieser Gleichung. Wie sieht etwa für $p = 2, 3$ und 5 die affine Kurve $C_f(\mathbb{F}_p)$, also die Lösungsmenge der Gleichung $y^2 = x^3 + x$ über $\mathbb{F}_p$ aus? Dazu setzen wir der Reihe nach die Elemente $a \in \mathbb{F}_p$ in die rechte Seite ein und prüfen, ob das Ergebnis ein Quadrat in $\mathbb{F}_p$ ist.

Für $p = 2$ ist $a^3 + a = 0$ für die beiden Körperelemente $a = 0$ und $a = 1$, und $b^2 = 0$ kann nur für $b = 0$ gelten. Also ist

$$C_f(\mathbb{F}_2) = \{(0,0),(1,0)\}.$$

Für $p = 3$ ist $1^3 + 1 = 2$. Dies ist kein Quadrat in $\mathbb{F}_3$, d.h. wir können kein $b \in \mathbb{F}_3$ finden, so daß $b^2 = 2$ ist. Dies kann man entweder schnell direkt überprüfen, indem man alle Quadrate in $\mathbb{F}_3$ ausrechnet, oder aber man wendet das quadratische Reziprozitätsgesetz an (siehe 6.3.5). Wenn wir $a = 2$ einsetzen, so ist $2^3 + 2 = 10 \equiv 1$ modulo 3, also $2^3 + 2 = 1$ in $\mathbb{F}_3$. Da $1 = 1^2 = 2^2$ ist, sind $(2,1)$ und $(2,2)$ Punkte in $C_f(\mathbb{F}_3)$. Also gilt

$$C_f(\mathbb{F}_3) = \{(0,0), (2,1), (2,2)\}.$$

Für $p = 5$ erhalten wir folgende Tabelle:

a	0	1	2	3	4
$a^3 + a$	0	2	0	0	3
b mit $b^2 = a^3 + a$	0	/	0	0	/

Daher ist $C_f(\mathbb{F}_5) = \{(0,0), (2,0), (3,0)\}$.

Zu einem gegebenen Polynom $f(x,y) = \sum_{\nu_1,\nu_2 \geq 0} \gamma_{\nu_1,\nu_2} x^{\nu_1} y^{\nu_2}$ mit Koeffizienten $\gamma_{\nu_1,\nu_2} \in F$ können wir nicht nur die Kurve $C_f(F)$ betrachten, sondern auch für jeden Körper E, der F und damit die γ_{ν_1,ν_2} enthält, die affine Kurve $C_f(E)$. Dabei fassen wir f einfach als Polynom über E auf und studieren die Nullstellen von f in E. Offenbar gilt dann

$$C_f(F) \subset C_f(E).$$

Insbesondere können wir hier für E den algebraischen Abschluß $\overline{F}$ von F nehmen (siehe 6.7). Es gilt also immer

$$C_f(F) \subseteq C_f(\overline{F}).$$

Nun definieren wir

Definiton 2.1.2 *i) Die ebene affine Kurve $C_f(F)$ heißt singulär in dem Punkt $(a,b) \in C_f(F)$, falls beide Ableitungen von f in (a,b) verschwinden. Mit anderen Worten, (a,b) ist ein Punkt in $\mathbb{A}^2(F)$, so daß $f(a,b) = 0$, $\frac{\partial f}{\partial x}(a,b) = 0$ und $\frac{\partial f}{\partial y}(a,b) = 0$ ist.*

ii) $C_f(F)$ heißt nicht-singulär, falls die Kurve $C_f(\overline{F})$ in keinem Punkt (a,b) singulär ist. Mit anderen Worten, es gibt keinen Punkt $(a,b) \in \mathbb{A}^2(\overline{F})$, in dem die drei Polynome $f, \frac{\partial f}{\partial x}$ und $\frac{\partial f}{\partial y}$ gleichzeitig verschwinden.

Wir nennen eine Kurve $C_f(F)$ also dann nicht-singulär, wenn die größere Kurve $C_f(\overline{F})$ keine singulären Punkte besitzt. Dabei kann es vorkommen, daß $C_f(F)$ selbst gar keine singulären Punke enthält, sondern nur $C_f(\overline{F})$. Ein Beispiel ist die Kurve $C_f(\mathbb{R})$ gegeben durch

$$f(x, y) = y^2 - x^4 - 2x^2 - 1.$$

Hier ist

$$\frac{\partial f}{\partial x} = -4x(x^2 + 1) \text{ und } \frac{\partial f}{\partial y} = 2y.$$

Die Polynome $f, \frac{\partial f}{\partial x}$ und $\frac{\partial f}{\partial y}$ haben keine gemeinsame Nullstelle mit reellen Koordinaten, d.h. $C_f(\mathbb{R})$ enthält keine singulären Punkte. Allerdings sind die Punkte $(i, 0)$ und $(-i, 0)$ singuläre Punkte in $C_f(\mathbb{C})$, so daß $C_f(\mathbb{R})$ keine nicht-singuläre Kurve ist.

Wir kommen nun zurück zu unserem Beispiel

$$f(x, y) = y^2 - x^3 - x.$$

Für welche Primzahlen p ist die Kurve $C(\mathbb{F}_p)$ nicht-singulär?

Dazu berechnen wir zunächst die Ableitungen:

$$\frac{\partial f}{\partial x}(x, y) = -3x^2 - 1 \text{ und } \frac{\partial f}{\partial y}(x, y) = 2y.$$

Die singulären Punkte in $C_f(\overline{\mathbb{F}}_p)$ sind gerade die Punkte $(a, b) \in \overline{\mathbb{F}}_p \times \overline{\mathbb{F}}_p$ mit $f(a, b) = 0, \frac{\partial f}{\partial x}(a, b) = 0$ und $\frac{\partial f}{\partial y}(a, b) = 0$. Für einen solchen Punkt (a, b) gilt also

$$b^2 = a^3 + a, \quad -3a^2 - 1 = 0 \text{ und } 2b = 0.$$

Wenn $p \neq 2$ ist, so kann $2b = 0$ nur für $b = 0$ erfüllt sein. Also muß dann gelten $0 = a^3 + a = a(a^2 + 1)$ und $3a^2 = -1$. Wir multiplizieren die erste Gleichung mit 3 und erhalten $0 = a(3a^2 + 3)$, also nach Einsetzen von $3a^2 = -1$ auch $0 = 2a$. Da wir angenommen haben, daß $p \neq 2$ ist, ist das nur möglich, wenn $a = 0$ ist. Das geht aber nicht, da $3a^2 = -1$ sein muß! Wir sehen also: Für $p \neq 2$ gibt es keine singulären Punkte auf $C_f(\overline{\mathbb{F}}_p)$, d.h. die Kurve $C_f(\mathbb{F}_p)$ ist nicht-singulär.

Was ist mit $p = 2$? In diesem Fall wissen wir schon $C_f(\mathbb{F}_2) = \{(0, 0), (1, 0)\}$, und wir können diese Punkte in $\frac{\partial f}{\partial x}$ und $\frac{\partial f}{\partial y}$ einsetzen. Dabei sehen wir, daß $\frac{\partial f}{\partial x}(1, 0) = 0$ und $\frac{\partial f}{\partial y}(1, 0) = 0$ ist. Der Punkt $(1, 0)$ ist also ein singulärer Punkt in $C_f(\mathbb{F}_2)$.

2.2 Projektive Kurven

Wir betrachten noch einmal die Kurve $C_f(F)$ gegeben durch

$$f(x,y) = y^2 - x^3 - x.$$

F kann hier wieder ein beliebiger Körper sein. Definitionsgemäß ist $C_f(F)$ die Menge aller Lösungen der Gleichung

$$(*) \quad y^2 = x^3 + x$$

in F. Wir nehmen uns eine solche Lösung $(a,b) \in \mathbb{A}^2(F)$ her: $b^2 = a^3 + a$.

Es sei außerdem c eine beliebige Zahl ungleich 0 in F. Definieren wir nun $a' = ac$ und $b' = bc$, so gilt

$$\left(\frac{b'}{c}\right)^2 = \left(\frac{a'}{c}\right)^3 + \frac{a'}{c}.$$

Das können wir mit c^3 multiplizieren und erhalten $b'^2 c = a'^3 + a'c^2$. Das Tripel $(a',b',c) \in F \times F \times F$ ist also eine Lösung der Gleichung in drei Variablen

$$(**) \quad Y^2 Z = X^3 + XZ^2.$$

Warum sollte man so erpicht darauf sein, von der Gleichung $(*)$ zu der komplizierteren Gleichung $(**)$ überzugehen? Der Grund ist kurz gesagt, daß $(**)$ noch andere wichtige Lösungen hat, die nicht von Lösungen von $(*)$ kommen. Welche Lösungen hat die Gleichung $(**)$ also? Wir nehmen an, $(a,b,c) \in F \times F \times F$ sei ein Tripel mit

$$b^2 c = a^3 + ac^2$$

Dann gibt es zwei Möglichkeiten:

1) Entweder c ist ungleich 0, dann teilen wir durch c^3 und stellen fest, daß $\left(\frac{a}{c}, \frac{b}{c}\right)$ eine Lösung von $(*)$, also ein Punkt in $C_f(F)$ ist.

2) Oder aber c ist gleich 0, dann lautet unsere Gleichung $0 = a^3$, so daß auch $a = 0$ sein muß. Die Zahl b kann aber ganz beliebig sein. In diesem Fall gibt es keine entsprechende Lösung von $(*)$.

Diese Beschreibung der Lösungen zeigt auch folgende Tatsache: Wenn (a, b, c) eine Lösung von $(**)$ ist, so ist für jede Zahl $t \neq 0$ aus F auch (ta, tb, tc) eine Lösung. Sind wir im Fall 1), d.h. ist $c \neq 0$, so ist auch $tc \neq 0$, und da $\left(\frac{a}{c}, \frac{b}{c}\right) = \left(\frac{ta}{tc}, \frac{tb}{tc}\right)$ ist, geben uns alle diese Vielfachen dieselbe Lösung von $(*)$. Es spricht also einiges dafür, solche Vielfache einfach zu identifizieren.

Definiton 2.2.1 *i) Wir nennen (a, b, c) und (a', b', c') aus $F \times F \times F$ äquivalent und schreiben $(a, b, c) \sim (a', b', c')$, falls es ein $t \in F \backslash \{0\}$ gibt mit*

$$a = ta', \quad b = tb' \text{ und } c = tc'.$$

ii) Wir definieren den zweidimensionalen projektiven Raum $\mathbb{P}^2(F)$ als den Quotienten von $F \times F \times F \backslash \{(0, 0, 0)\}$ nach der Äquivalenzrelation $\sim$:

$$\mathbb{P}^2(F) = (F \times F \times F \backslash \{(0, 0, 0)\}) / \sim .$$

Der projektive Raum $\mathbb{P}^2(F)$ ist also die Menge der Äquivalenzklassen von $\sim$. Jedes Tripel $(a, b, c) \neq (0, 0, 0)$ gibt uns einen Punkt in $\mathbb{P}^2(F)$ (nämlich die Äquivalenzklasse, in der (a, b, c) liegt), den wir mit $[a : b : c]$ bezeichnen. Es gilt $[a : b : c] = [a' : b' : c']$ genau dann, wenn $a = ta', b = tb'$ und $c = tc'$ für ein $t \neq 0$ ist.

Wir können nun eine Abbildung

$$i : \mathbb{A}^2(F) \longrightarrow \mathbb{P}^2(F),$$

durch

$$i(a, b) = [a : b : 1]$$

definieren. Wir behaupten, daß i injektiv ist. In der Tat, aus $i(a, b) = i(a', b')$ folgt $[a : b : 1] = [a' : b' : 1]$, daher ist $a = ta', b = tb'$ und $1 = t1$ für ein $t \in F$. Dieses muß also 1 und daher $(a, b) = (a', b')$ sein. Mit Hilfe der Abbildung i können wir $\mathbb{A}^2(F)$ also als Teilmenge von $\mathbb{P}^2(F)$ auffassen.

Welche Punkte sind sonst noch in $\mathbb{P}^2(F)$? Jeder Punkt $[a : b : c]$ in $\mathbb{P}^2(F)$ mit $c \neq 0$ ist gleich $[\frac{a}{c} : \frac{b}{c} : 1]$, also ist $[a : b : c] = i\left(\frac{a}{c}, \frac{b}{c}\right)$. Auf der anderen Seite kann man keinen Punkt $[a : b : 0]$ in $\mathbb{P}^2(F)$ als $i(a', b')$ für (a', b') in $\mathbb{A}^2(F)$ schreiben. (Das ginge nur, wenn $[a : b : 0] = [a' : b' : 1]$, also fänden wir ein t mit $t0 = 1$, was unmöglich ist.) Daher kommen gerade diese Punkte $[a : b : 0]$, für die a und b nicht beide 0 sind, zu dem Bild von $\mathbb{A}^2(F)$ hinzu. Wir definieren nun eine Abbildung

$$j : F \to \mathbb{P}^2(F)$$

durch $j(a) = [a : 1 : 0]$. Wie oben läßt sich nachrechnen, daß j injektiv ist. Im Bild von j liegen alle Punkte $[a : b : 0]$ in $\mathbb{P}^2(F)$, so daß $b \neq 0$ ist. Das sind immer noch nicht alle Punkte, die sich als $[a : b : 0]$ schreiben lassen. Es fehlt aber nur noch einer, nämlich $[1 : 0 : 0]$, denn offenbar gilt $[a : 0 : 0] = [1 : 0 : 0]$ für alle $a \neq 0$.

Wir haben also gezeigt, daß sich $\mathbb{P}^2(F)$ schreiben läßt als Vereinigung von $\mathbb{A}^2(F), F$ und von dem Punkt $[1 : 0 : 0]$, genauer:

$$\mathbb{P}^2(F) = i(\mathbb{A}^2(F)) \cup j(F) \cup \{[1 : 0 : 0]\}.$$

Wir wollen nun Nullstellenmengen von Polynomen in $\mathbb{P}^2(F)$ betrachten. Hier muß man ein bißchen aufpassen, da wir die Punkte (a, b, c) und (ta, tb, tc) identifizieren. Es macht also nur dann Sinn zu sagen:

$[a : b : c]$ ist Nullstelle des Polynoms g,

wenn mit (a, b, c) auch alle Vielfachen (ta, tb, tc) Nullstellen von g sind. Daher können wir nur spezielle Polynome betrachten - welche, sagt uns folgende Definition:

Definiton 2.2.2 *Es sei g ein Polynom in drei Variablen X, Y und Z über F. Dann heißt g homogen vom Grad d, falls gilt:*

$$g(X, Y, Z) = \sum_{\nu_1, \nu_2, \nu_3 \geq 0} \gamma_{\nu_1, \nu_2, \nu_3} X^{\nu_1} Y^{\nu_2} Z^{\nu_3}$$

mit Koeffizienten $\gamma_{\nu_1, \nu_2, \nu_3}$, die nicht alle Null sind, und für die $\nu_1 + \nu_2 + \nu_3 = d$ ist, wenn $\gamma_{\nu_1, \nu_2, \nu_3}$ nicht verschwindet.

In jedem echten Summanden von g addieren sich die Potenzen von X, Y und Z also zu d. Ein Beispiel für ein homogenes Polynom haben wir in (**) schon gesehen: Das Polynom $g(X, Y, Z) = Y^2 Z - X^3 - X Z^2$ ist homogen vom Grad 3.

Lemma 2.2.3 *Ist $g \in F[X, Y, Z]$ ein homogenes Polynom vom Grad d, so gilt für alle a, b, c aus F und $t \in F \backslash \{0\}$:*

$$g(a, b, c) = 0 \Leftrightarrow g(ta, tb, tc) = 0.$$

Beweis: Es sei $g = \sum_{\nu_1, \nu_2, \nu_3 \geq 0} \gamma_{\nu_1, \nu_2, \nu_3} X^{\nu_1} Y^{\nu_2} Z^{\nu_3}$. Dann ist

$$g(ta, tb, tc) = \sum_{\nu_1, \nu_2, \nu_3 \geq 0} \gamma_{\nu_1, \nu_2, \nu_3} (ta)^{\nu_1} (tb)^{\nu_2} (tc)^{\nu_3}$$

$$= \sum_{\nu_1, \nu_2, \nu_3 \geq 0} \gamma_{\nu_1, \nu_2, \nu_3} t^{\nu_1 + \nu_2 + \nu_3} a^{\nu_1} b^{\nu_2} c^{\nu_3} = t^d g(a, b, c),$$

denn $\nu_1 + \nu_2 + \nu_3 = d$ in allen von Null verschiedenen Summanden. Daraus folgt unsere Behauptung. □

Nun können wir definieren:

Definiton 2.2.4 *Sei g ein homogenes Polynom in $F[X, Y, Z]$. Dann bezeichnen wir die Menge der Nullstellen von g in $\mathbb{P}^2(F)$ als $C_g(F)$ (oder auch $C(F)$, wenn klar ist, um welches Polynom es sich handelt):*

$$C(F) = C_g(F) = \{[a : b : c] \in \mathbb{P}^2(F) : g(a, b, c) = 0\}.$$

Jede solche Nullstellenmenge $C_g(F)$ nennen wir eine projektive ebene Kurve.

Wir haben in 2.2.3 gesehen, daß diese Definition sinnvoll ist, da die Tatsache, daß $g(a, b, c) = 0$ ist, nicht davon abhängt, wie man den Punkt $[a : b : c]$ schreibt (als $[a : b : c]$ oder als $[ta : tb : tc]$).

Wir kommen nun noch einmal auf unser Beispiel

$$f(x, y) = y^2 - x^3 - x$$

zurück. $C_f(F)$ ist also die Menge der Lösungen der Gleichung (∗). Außerdem sei $g(X, Y, Z)$ das homogene Polynom

$$g(X, Y, Z) = Y^2 Z - X^3 - X Z^2.$$

Dann ist

$$C_g(F) = \{[a : b : c] \in \mathbb{P}^2(F) : (a, b, c) \text{ ist eine Lösung von } (**)\}.$$

Außerdem haben wir gesehen, daß für jede Lösung von (∗), also für alle $(a, b) \in C_f(F)$ und jedes $c \neq 0$ das Tripel (ac, bc, c) eine Lösung von (∗∗) ist. Mit anderen Worten:

$$[a : b : 1] \text{ liegt in } C_g(F).$$

Diese Abbildung $(a, b) \mapsto [a : b : 1]$ ist aber gerade die Abbildung $i : \mathbb{A}^2(F) \to \mathbb{P}^2(F)$, die wir oben definiert haben. Wir sehen also: Unter der injektiven Abbildung $i : \mathbb{A}^2(F) \to \mathbb{P}^2(F)$ wird $C_f(F)$ nach $C_g(F)$ abgebildet.

Wir haben auch schon gezeigt, daß $C_g(F)$ noch einen Punkt enthält, der nicht von einer Lösung von $(*)$ herkommt, nämlich $[0 : 1 : 0]$. Also ist

$$C_g(F) = i(C_f(F)) \cup \{[0 : 1 : 0]\}.$$

Wir haben unsere affine Kurve $C_f(F)$ somit in die projektive Kurve $C_g(F)$ eingebettet, die einen zusätzlichen Punkt enthält, von dem man auch sagt, er liege "im Unendlichen". Wenn wir uns noch einmal anschauen, wie g aussieht, so haben wir einfach das (nicht-homogene) Polynom f genommen, die x und y durch X und Y ersetzt und in jedem Summanden gerade soviele Z ergänzt, daß der Summand den Grad 3 bekommt. Wir können f aus g wieder zurückbekommen, indem wir $Z = 1$ setzen und die X und Y durch x und y ersetzen. (Wir haben nur deshalb einmal große und einmal kleine Buchstaben für die Variablen gewählt, damit sofort deutlich wird, ob wir affine und projektive Kurven betrachten wollen.) Dies funktioniert ganz allgemein:

Proposition 2.2.5 *Sei $f \neq 0$ ein beliebiges Polynom in $F[x, y]$, also $f(x, y) = \sum_{\nu_1, \nu_2 \geq 0} \gamma_{\nu_1, \nu_2} x^{\nu_1} y^{\nu_2}$ mit $\gamma_{\nu_1, \nu_2} \in F$. Ferner sei d der Grad von f, also das Maximum aller $\nu_1 + \nu_2$, für die γ_{ν_1, ν_2} ungleich Null ist. Das Polynom*

$$g(X, Y, Z) = \sum_{\nu_1, \nu_2 \geq 0, \nu_1 + \nu_2 \leq d} \gamma_{\nu_1, \nu_2} X^{\nu_1} Y^{\nu_2} Z^{d - \nu_1 - \nu_2}$$

ist dann homogen vom Grad d und erfüllt $g(a, b, 1) = f(a, b)$ für alle $(a, b) \in \mathbb{A}^2(F)$.

Unter der Abbildung $i : \mathbb{A}^2(F) \to \mathbb{P}^2(F)$ wird $C_f(F)$ nach $C_g(F)$ abgebildet. Wenn sich ein Punkt $[a : b : c] \in \mathbb{P}^2(F)$ als $i(x)$ für ein $x \in \mathbb{A}^2(F)$ schreiben läßt, so liegt x schon in $C_f(F)$.

Beweis: Das Polynom g ist offensichtlich homogen vom Grad d. Man sieht sofort, daß

$$g(a, b, 1) = f(a, b)$$

ist, und daraus folgt $i(a, b) = [a : b : 1] \in C_g(F)$ für alle $(a, b) \in C_f(F)$. Wenn für ein beliebiges $(a, b) \in \mathbb{A}^2(f)$ der Punkt $i(a, b) = [a : b : 1]$

in $C_g(F)$ ist, so ist $g(a,b,1) = 0$, also auch $f(a,b)$. Daher ist $(a,b) \in C_f(F)$, wie behauptet. □

Wir werden die Abbildung i in Zukunft auch oft weglassen und einfach schreiben

$$C_g(F) \cap \mathbb{A}^2(F) = C_f(F).$$

Außer i können wir noch andere Einbettungen von $\mathbb{A}^2(F)$ nach $\mathbb{P}^2(F)$ betrachten, so etwa

$$i_1(a,b) = [1 : a : b] \quad \text{und} \quad i_2(a,b) = [a : 1 : b].$$

Die verschiedenen Kopien $i(\mathbb{A}^2(F)), i_1(\mathbb{A}^2(F))$ und $i_2(\mathbb{A}^2(F))$ von $\mathbb{A}^2(F)$ in $\mathbb{P}^2(F)$ überlappen sich. So ist zum Beispiel

$$i(a,b) = i_1(b/a, 1/a) = i_2(a/b, 1/b),$$

wenn a und b ungleich Null sind. Jeder Punkt $[a : b : c]$ in $\mathbb{P}^2(F)$ liegt in einer dieser drei Mengen, denn eine der Koordinaten a, b oder c muß ungleich Null sein.

Wenn wir die Punkte einer projektiven Kurve betrachten, die in $i_1(\mathbb{A}^2(F))$ bzw. $i_2(\mathbb{A}^2(F))$ liegen, so gilt ein ähnliches Resultat wie für die Einbettung i:

Proposition 2.2.6 *Sei* $g(X,Y,Z) = \sum_{\nu_1,\nu_2,\nu_3 \geq 0} \gamma_{\nu_1,\nu_2,\nu_3} X^{\nu_1} Y^{\nu_2} Z^{\nu_3}$ *ein homogenes Polynom vom Grad* d, *d.h.* $\nu_1 + \nu_2 + \nu_3 = d$ *in allen nichttrivialen Summanden. Dann ist*

$$C_g(F) \cap i_1(\mathbb{A}^2(F)) = i_1(C_{f_1}(F))$$

für $f_1(x,y) = \sum_{\nu_2,\nu_3 \geq 0, \nu_2 + \nu_3 \leq d} \gamma_{d-\nu_2-\nu_3,\nu_2,\nu_3} \, x^{\nu_2} y^{\nu_3}$ *und*

$$C_g(F) \cap i_2(\mathbb{A}^2(F)) = i_2(C_{f_2}(F))$$

für $f_2(x,y) = \sum_{\nu_1,\nu_3 \geq 0, \nu_1 + \nu_3 \leq d} \gamma_{\nu_1,d-\nu_1-\nu_3,\nu_3} \, x^{\nu_1} y^{\nu_3}$.

Beweis: Genau wie bei Proposition 2.2.5. □

Wenn wir für eine projektive Kurve $C_g(F)$ einen dieser Schnitte mit $\mathbb{A}^2(F)$ betrachten, sagen wir auch oft, wir gehen zu affinen Koordinaten über. Jetzt können wir definieren, wann eine projektive Kurve nicht-singulär ist:

Definiton 2.2.7 *Sei* g *ein homogenes Polynom in* $F[X, Y, Z]$ *vom Grad* d.

i) Die projektive ebene Kurve $C_g(F)$ *heißt singulär im Punkt* $P = [a : b : c] \in C_g(F)$, *falls alle Ableitungen von* g *in* P *verschwinden d.h.*

$$\frac{\partial g}{\partial X}(a, b, c) = \frac{\partial g}{\partial Y}(a, b, c) = \frac{\partial g}{\partial Z}(a, b, c) = 0.$$

ii) $C_g(F)$ *heißt nicht-singulär, falls* $C_g(\overline{F})$ *keinen singulären Punkt enthält.*

Man kann leicht nachrechnen, daß das Verschwinden der drei Ableitungen von g in (a, b, c) nicht davon abhängt, welche projektiven Koordinaten (a, b, c) mit $P = [a : b : c]$ wir betrachten. Diese Definition paßt außerdem mit unserer alten Definition für affine Kurven zusammen, es gilt nämlich

Lemma 2.2.8 *Es sei* $g(X, Y, Z) = \sum_{\nu_1, \nu_2, \nu_3 \geq 0} \gamma_{\nu_1, \nu_2, \nu_3} X^{\nu_1} Y^{\nu_2} Z^{\nu_3}$ *wieder ein homogenes Polynom vom Grad* d, *und* f *sei das Polynom* $f(x, y) = \sum_{\nu_1, \nu_2 \geq 0, \nu_1 + \nu_2 \leq d} \gamma_{\nu_1, \nu_2, d - \nu_1 - \nu_2} x^{\nu_1} y^{\nu_2}$. *Für jeden Punkt* $P \in C_g(F)$ *gilt: Falls* $P = i(Q)$ *in* $i(\mathbb{A}^2(F))$ *liegt, so ist* $C_g(F)$ *singulär in* P *genau dann, wenn die affine Kurve* $C_f(F)$ *singulär in* Q *ist.*

Beweis: Nach 2.2.5 liegt Q in der affinen Kurve $C_f(F)$. Ist $Q = (a, b)$, so ist $P = i(Q) = [a : b : 1]$. Nun ist

$$\frac{\partial g}{\partial X}(X, Y, Z) = \sum_{\nu_1 > 0, \nu_2, \nu_3 \geq 0} \gamma_{\nu_1, \nu_2, \nu_3} \nu_1 X^{\nu_1 - 1} Y^{\nu_2} Z^{\nu_3},$$

so daß $\frac{\partial g}{\partial X}(a, b, 1) = \frac{\partial f}{\partial x}(a, b)$ ist. Genauso zeigt man $\frac{\partial g}{\partial Y}(a, b, 1) = \frac{\partial f}{\partial y}(a, b)$. Außerdem gilt

$$\frac{\partial g}{\partial Z}(X, Y, Z) = \sum_{\nu_1, \nu_2 \geq 0, \nu_3 > 0} \gamma_{\nu_1, \nu_2, \nu_3} \nu_3 X^{\nu_1} Y^{\nu_2} Z^{\nu_3 - 1},$$

so daß

$$\frac{\partial g}{\partial Z}(a, b, 1) = \sum_{\nu_1, \nu_2, \nu_3 \geq 0} \gamma_{\nu_1, \nu_2, \nu_3} \nu_3 a^{\nu_1} b^{\nu_2}$$

ist. (Die Einschränkung $\nu_3 > 0$ können wir hier weglassen. Wenn $\nu_3 = 0$ ist, verschwindet nämlich der entsprechende Summand.) Nun ist $\nu_1 + \nu_2 + \nu_3 = d$ in allen nichttrivialen Summanden, also folgt

$$\frac{\partial g}{\partial Z}(a,b,1) = \sum_{\nu_1,\nu_2 \geq 0, \nu_1+\nu_2 \leq d} \gamma_{\nu_1,\nu_2,d-\nu_1-\nu_2} \, (d - \nu_1 - \nu_2) \, a^{\nu_1} b^{\nu_2}$$

$$= df(a,b) - a\frac{\partial f}{\partial x}(a,b) - b\frac{\partial f}{\partial y}(a,b).$$

Aus diesen Vergleichen der Ableitungen von g und f folgt leicht unsere Behauptung. $\qquad \Box$

2.3 Elliptische Kurven

Elliptische Kurven sind spezielle projektive Kurven, auf denen man ein Gruppengesetz definieren kann. Wir beginnen direkt mit der Definition:

Definiton 2.3.1 *Eine elliptische Kurve ist eine nicht-singuläre projektive ebene Kurve $C_g(F)$, wobei g ein homogenes Polynom vom Grad drei der folgenden Gestalt ist:*

$$g(X,Y,Z) = Y^2 Z + a_1 XYZ + a_3 YZ^2 - X^3 - a_2 X^2 Z - a_4 XZ^2 - a_6 Z^3.$$

mit a_1, a_2, a_3, a_4 und $a_6 \in F$.

Eine elliptische Kurve ist also gegeben durch ein homogenes Polynom vom Grad drei, in dem nur bestimmte Summanden auftreten können (zum Beispiel dürfen Y^3 und $X^2 Y$ nicht vorkommen). Außerdem muß $C_g(F)$ nicht-singulär sein, d.h. g muß die Bedingungen aus 2.2.7 erfüllen.

Die Gleichung

$$Y^2 Z + a_1 XYZ + a_3 YZ^2 = X^3 + a_2 X^2 Z + a_4 XZ^2 + a_6 Z^3,$$

deren Lösungen gerade die Punkte auf der elliptischen Kurve sind, nennt man auch Weierstraßgleichung. Die seltsame Numerierung der

Koeffizienten a_i hat historische Gründe. Wir behalten sie bei, da sie in der Literatur über elliptische Kurven so verwendet wird.

Welche Punkte auf einer elliptischen Kurve $C_g(F)$ liegen nun nicht im affinen Raum $i(\mathbb{A}^2(F))$? Wenn $P = [r : s : 0] \in \mathbb{P}^2(F)$ ein solcher Punkt ist, so gilt nach Einsetzen von $(r, s, 0)$ in die Weierstraßgleichung $r^3 = 0$. Also ist $s \neq 0$ und

$$P = [0 : s : 0] = [0 : 1 : 0].$$

Für jede elliptische Kurve $C_g(F)$ gilt also: Der einzige Punkt in $C_g(F)$, der nicht im affinen Raum liegt, ist $[0 : 1 : 0]$. Diesen Punkt bezeichnen wir auch mit O. Egal, welche a_i man wählt, um g zu definieren, der Punkt O ist nie singulär, denn es ist

$$\frac{\partial g}{\partial Z}(0, 1, 0) = 1,$$

wie man leicht nachrechnet.

Wenn man also ein Polynom der Form

$$g(X, Y, Z) = Y^2 Z + a_1 XYZ + a_3 YZ^2 - X^3 - a_2 X^2 Z - a_4 XZ^2 - a_6 Z^3$$

gegeben hat und feststellen will, ob $C_g(F)$ eine elliptische Kurve ist, so muß man nur noch die Punkte in $C_g(F) \cap i(\mathbb{A}^2(F))$ auf Nicht-Singularität testen. Nach 2.2.8 reicht es dafür aus, die affine Kurve $C_f(F)$ für

$$f(x, y) = y^2 + a_1 xy + a_3 y - x^3 - a_2 x^2 - a_4 x - a_6$$

auf Nicht-Singularität zu testen.

Ein Beispiel für eine elliptische Kurve haben wir schon gesehen. Setzt man nämlich $a_1 = a_2 = a_3 = a_6 = 0$ und $a_4 = 1$, so hat das Polynom $g(X, Y, Z) = Y^2 Z - X^3 - XZ^2$ die gewünschte Form. $C_g(F)$ ist also genau dann eine elliptische Kurve, wenn sie nicht-singulär ist. In Abschnitt 2.1 haben wir gezeigt, daß die affine Kurve $C_g(F) \cap \mathbb{A}^2(F)$ nicht-singulär ist, falls $F = \mathbb{F}_p$ für ein $p \geq 3$ gilt. In diesen Fällen ist $C_g(F)$ also eine elliptische Kurve.

In einigen Fällen kann man die Weierstraß-Gleichung, die eine elliptische Kurve definiert, noch etwas vereinfachen:

Proposition 2.3.2 *Es sei $C_g(F)$ eine elliptische Kurve, also*

$$g(X,Y,Z) = Y^2 Z + a_1 XYZ + a_3 YZ^2 - X^3 - a_2 X^2 Z - a_4 XZ^2 - a_6 Z^3.$$

i) Falls die Charakteristik von F ungleich 2 ist, so ist die Abbildung

$$\Phi : \mathbb{P}^2(F) \longrightarrow \mathbb{P}^2(F)$$
$$[r : s : t] \longmapsto [r : s + \tfrac{a_1}{2} r + \tfrac{a_3}{2} t : t]$$

bijektiv und es gilt

$$\Phi(C_g(F)) = C_{h_1}(F)$$

mit $h_1(X,Y,Z) = Y^2 Z - X^3 - \frac{1}{4} b_2 X^2 Z - \frac{1}{2} b_4 XZ^2 - \frac{1}{4} b_6 Z^3$, wobei $b_2 = a_1^2 + 4a_2$, $b_4 = 2a_4 + a_1 a_3$ und $b_6 = a_3^2 + 4a_6$ ist. $C_{h_1}(F)$ ist ebenfalls eine elliptische Kurve.

ii) Falls die Charakteristik von F ungleich 2 und ungleich 3 ist, so ist die Abbildung

$$\Psi : \mathbb{P}^2(F) \longrightarrow \mathbb{P}^2(F)$$
$$[r : s : t] \longmapsto [36r + 3b_2 t : 216s : t]$$

bijektiv und es gilt

$$\Psi(C_{h_1}(F)) = C_{h_2}(F)$$

mit $h_2(X,Y,Z) = Y^2 Z - X^3 + 27 c_4 XZ^2 + 54 c_6 Z^3$, wobei $c_4 = b_2^2 - 24 b_4$ und $c_6 = -b_2^3 + 36 b_2 b_4 - 216 b_6$ ist. $C_{h_2}(F)$ ist ebenfalls eine elliptische Kurve.

iii) Falls die Charakteristik von F gleich 2 und der Koeffizient a_1 ungleich Null ist, so ist die Abbildung

$$\Theta : \mathbb{P}^2(F) \longrightarrow \mathbb{P}^2(F)$$
$$[r : s : t] \longmapsto [\tfrac{1}{a_1^2} r - \tfrac{a_3}{a_1^3} t : \tfrac{1}{a_1^3} s - \tfrac{a_1^2 a_4 + a_3^2}{a_1^6} t : t]$$

bijektiv und es gilt

$$\Theta(C_g(F)) = C_{h_3}(F),$$

wobei h_3 das Polynom

$$h_3(X,Y,Z) = Y^2 Z + XYZ - X^3 - a_2' X^2 Z - a_6' Z^3$$

mit den Koeffizienten

$$a_2' = \frac{a_3 + a_1 a_2}{a_1^3} \quad \text{und} \quad a_6' = \frac{a_1^6 a_6 + a_1^5 a_3 a_4 + a_1^4 a_2 a_3^2 + a_1^4 a_4^2 + a_1^3 a_3^3 + a_3^4}{a_1^{12}}$$

ist.

Dieses Resultat besagt unter anderem, daß wir im Fall $\text{char}(F) \neq 2$ immer zu einer Weierstraßgleichung der Form

$$Y^2 Z = X^3 + a_2 X^2 Z + a_4 X Z^2 + a_6 Z^3$$

mit neuen Koeffizienten a_i übergehen können (also annehmen können, daß $a_1 = a_3 = 0$ ist). Im Fall $\text{char}(F) \neq 2, 3$ können wir sogar immer zu einer Weierstraßgleichung der Form

$$Y^2 Z = X^3 + a_4 X Z^2 + a_6 Z^3$$

übergehen, also außerdem noch annehmen, daß $a_2 = 0$ ist. Die Definition und Numerierung der Koeffizienten b_2, b_4, b_6 und c_4, c_6 hat ebenfalls historische Gründe.

Die Weierstraßgleichung läßt sich übrigens auch in dem hier nicht behandelten Fall $\text{char}(F) = 2$ und $a_1 = 0$ vereinfachen (siehe [Si], Proposition 1.1, Appendix A). Wir haben darauf verzichtet, da solche elliptischen Kurven für endliche Grundkörper supersingulär (siehe 3.4.4) und daher kryptographisch nicht von Interesse sind, wie wir in Kapitel 4 sehen werden.

Beweis: i) Zunächst ist klar, daß die Abbildung Φ nur Sinn macht, wenn wir durch 2 teilen dürfen, wenn also $\text{char}(F) \neq 2$ ist. Die Abbildung Φ ist bijektiv, da wir leicht eine Umkehrabbildung angeben können, nämlich

$$\Phi^{-1}([r : s : t]) = [r : s - \frac{a_1}{2} r - \frac{a_3}{2} t : t].$$

Wir verwenden die Bezeichnungen Φ und Φ^{-1} auch für die Abbildungen von F^3 nach F^3, die durch $\Phi(r, s, t) = (r, s + \frac{a_1}{2} r + \frac{a_3}{2} t, t)$ bzw. $\Phi^{-1}(r, s, t) = (r, s - \frac{a_1}{2} r - \frac{a_3}{2} t, t)$ gegeben sind.

Es gilt nun $h_1(X, Y, Z) = g(X, Y - \frac{a_1}{2} X - \frac{a_3}{2} Z, Z)$. Das können wir einfach nachrechnen:

$$g(X, Y - \frac{a_1}{2} X - \frac{a_3}{2} Z, Z)$$

$$= \left(Y - \frac{a_1}{2} X - \frac{a_3}{2} Z \right)^2 Z + a_1 X \left(Y - \frac{a_1}{2} X - \frac{a_3}{2} Z \right) Z$$

$$+ a_3 \left(Y - \frac{a_1}{2} X - \frac{a_3}{2} Z \right) Z^2 - X^3 - a_2 X^2 Z - a_4 X Z^2 - a_6 Z^3$$

$$= \left[Y^2 - 2Y \left(\frac{a_1}{2} X + \frac{a_3}{2} Z \right) + \left(\frac{a_1^2}{4} X^2 + 2 \frac{a_1 a_3}{4} X Z + \frac{a_3^2}{4} Z^2 \right) \right] Z$$

$$+a_1XYZ - \frac{a_1^2}{2}X^2Z - \frac{a_1a_3}{2}XZ^2 + a_3YZ^2 - \frac{a_1a_3}{2}XZ^2 - \frac{a_3^2}{2}Z^3$$

$$-X^3 - a_2X^2Z - a_4XZ^2 - a_6Z^3$$

$$= Y^2Z - X^3 + \left(-\frac{a_1^2}{4} - a_2\right)X^2Z + \left(-\frac{a_1a_3}{2} - a_4\right)XZ^2$$

$$+ \left(-\frac{a_3^2}{4} - a_6\right)Z^3$$

$$= Y^2Z - X^3 - \frac{1}{4}b_2X^2Z - \frac{1}{2}b_4XZ^2 - \frac{1}{4}b_6Z^3$$

$$= h_1(X,Y,Z).$$

Daraus folgt sofort $h_1(r,s,t) = g(\Phi^{-1}(r,s,t))$, also ist $g(r,s,t) = 0$ genau dann, wenn $h_1(\Phi(r,s,t)) = 0$ ist. Daher ist

$$\Phi(C_g(F)) = C_{h_1}(F).$$

Das Polynom h_1 hat die in Definition 2.3.1 verlangte Form. Wir müssen also nur noch zeigen, daß $C_{h_1}(F)$ nicht-singulär ist, dann wissen wir, daß $C_{h_1}(F)$ in der Tat eine elliptische Kurve ist. Mit der Kettenregel (siehe 6.5) können wir ausrechnen:

$$\frac{\partial h_1}{\partial X}(r,s,t) = \frac{\partial g}{\partial X}(\Phi^{-1}(r,s,t)) - \frac{a_1}{2}\frac{\partial g}{\partial Y}(\Phi^{-1}(r,s,t)),$$

$$\frac{\partial h_1}{\partial Y}(r,s,t) = \frac{\partial g}{\partial Y}(\Phi^{-1}(r,s,t)) \text{ und}$$

$$\frac{\partial h_1}{\partial Z}(r,s,t) = -\frac{a_3}{2}\frac{\partial g}{\partial Y}(\Phi^{-1}(r,s,t)) + \frac{\partial g}{\partial Z}(\Phi^{-1}(r,s,t)).$$

Für jeden Punkt $P = [r:s:t]$ in $C_{h_1}(\overline{F})$ ist $\Phi^{-1}[r:s:t]$ ein Punkt in $C_g(\overline{F})$, also nicht-singulär. Die drei Ableitungen von g in diesem Punkt verschwinden also nicht alle gleichzeitig. Dann können auch nicht alle drei Ableitungen von h_1 in (r,s,t) verschwinden, P ist also ein nicht-singulärer Punkt auf $C_{h_1}(\overline{F})$.

ii) Die Abbildung Ψ ist bijektiv, denn

$$[r:s:t] \longmapsto [\frac{1}{36}r - \frac{b_2}{12}t : \frac{1}{216}s : t]$$

ist offenbar invers zu Ψ. Da $216 = 2^3 3^3$ ist, tauchen in den Nennern nur Produkte von Zweier- und Dreierpotenzen auf. Das ist für $\text{char}(F) \neq 2,3$ kein Problem. Es ist

$$h_2(X, Y, Z) = 2^6 3^6 h_1(\frac{1}{36}X - \frac{b_2}{12}Z, \frac{1}{216}Y, Z),$$

wie man mit etwas Geduld nachrechnen kann. Daraus können wir schließen: $h_1(r, s, t) = 0$ genau dann, wenn $h_2(\Psi(r, s, t)) = 0$, also ist

$$\Psi(C_{h_1}(F)) = C_{h_2}(F).$$

Das Polynom h_2 hat ebenfalls die in 2.3.1 verlangte Form. Genau wie in i) können wir mit der Kettenregel die Ableitungen von h_2 ausrechnen und so zeigen, daß mit $C_{h_1}(F)$ auch $C_{h_2}(F)$ nicht-singulär (und somit eine elliptische Kurve) ist.

iii) Offenbar ist Θ bijektiv mit Umkehrabbildung

$$[r : s : t] \longmapsto [a_1^2 r + \frac{a_3}{a_1}t : a_1^3 s + \frac{a_1^2 a_4 + a_3^2}{a_1^3}t : t].$$

Eine direkte Rechnung zeigt

$$a_1^6 h_3(X, Y, Z) = g(a_1^2 X + \frac{a_3}{a_1}Z, a_1^3 Y + \frac{a_1^2 a_4 + a_3^2}{a_1^3}Z, Z),$$

woraus $\Theta(C_g(F)) = C_{h_3}(F)$ folgt. Wie in den anderen beiden Fällen berechnen wir mit der Kettenregel die Ableitungen von h_3, um zu zeigen, daß mit $C_g(F)$ auch die Kurve $C_{h_3}(F)$ nicht-singulär, also eine elliptische Kurve ist.   □

Für ein Weierstraßpolynom $g(X, Y, Z) = Y^2 Z + a_1 XYZ + a_3 YZ^2 - X^3 - a_2 X^2 Z - a_4 XZ^2 - a_6 Z^3$ heißt die Zahl

$$\Delta = -b_2^2 b_8 - 8b_4^3 - 27b_6^2 + 9b_2 b_4 b_6$$

die Diskriminante der Kurve $C_g(F)$, wobei die Koeffizienten

$$b_2 = a_1^2 + 4a_2,$$
$$b_4 = 2a_4 + a_1 a_3 \text{ und}$$
$$b_6 = a_3^2 + 4a_6$$

wie in 2.3.2 und der Koeffizient b_8 durch

$$b_8 = a_1^2 a_6 + 4a_2 a_6 - a_1 a_3 a_4 + a_2 a_3^2 - a_4^2$$

definiert sind.

Die Zahl

$$j = \frac{(b_2^2 - 24b_4)^3}{\Delta} = \frac{c_4^3}{\Delta}$$

heißt die j-Invariante der Kurve. Die j-Invariante legt die "Isomorphieklasse der elliptischen Kurve über dem algebraischen Abschluß" fest. Das wollen wir hier nicht genau erklären, bewiesen wird es in [Si], Prop. 1.4, S. 50.

Mit Hilfe der Diskriminante läßt sich leicht überprüfen, ob eine Kurve, die durch eine Weierstraßgleichung gegeben ist, nicht-singulär (und damit eine elliptische Kurve) ist:

Proposition 2.3.3 *Es sei* $g(X, Y, Z) = Y^2 Z + a_1 XYZ + a_3 YZ^2 - X^3 - a_2 X^2 Z - a_4 XZ^2 - a_6 Z^3$ *ein Weierstraßpolynom. Dann ist die Kurve* $C_g(F)$ *nicht-singulär genau dann, wenn die Diskriminante* $\Delta = -b_2^2 b_8 - 8b_4^3 - 27b_6^2 + 9b_2 b_4 b_6$ *ungleich Null ist.*

Beweis: Wir haben schon gesehen, daß die Kurve $C_g(F)$ genau dann nicht-singulär ist, wenn die affine Kurve $C_f(F)$ für

$$f(x, y) = y^2 + a_1 xy + a_3 y - x^3 - a_2 x^2 - a_4 x - a_6$$

nicht-singulär ist. Definitionsgemäß enthält nun $C_f(\overline{F})$ einen singulären Punkt genau dann, wenn es Elemente r und s im algebraischen Abschluß $\overline{F}$ gibt, so daß

$$f(r, s) = 0 \text{ und}$$
$$\frac{\partial f}{\partial x}(r, s) = a_1 s - 3r^2 - 2a_2 r - a_4 = 0 \text{ sowie}$$
$$\frac{\partial f}{\partial y}(r, s) = 2s + a_1 r + a_3 = 0$$

gilt. Wir unterscheiden nun mehrere Fälle:

1. Fall: char$(F) = 2$ und $a_1 = 0$.

Unter Verwendung der Rechenregeln in Charakteristik 2 ergibt sich hier $b_2 = b_4 = 0$ und $b_6 = a_3^2$, also $\Delta = -27a_3^4 = a_3^4$. Außerdem gilt

$$\frac{\partial f}{\partial y} = a_3,$$

so daß die Existenz eines singulären Punktes auf $C_f(\overline{F})$ die Gleichung $a_3 = 0$ impliziert. Damit ist also auch $\Delta = 0$.

Wenn wir umgekehrt annehmen, daß Δ verschwindet, so verschwindet auch $\frac{\partial f}{\partial y}$. Da $\overline{F}$ algebraisch abgeschlossen ist, können wir zunächst ein $r \in \overline{F}$ finden, das der Gleichung

$$r^2 + a_4 = 0$$

genügt, und dann ein $s \in \overline{F}$ mit

$$s^2 + a_3 s = r^3 + a_2 r^2 + a_4 r + a_6.$$

Der Punkt (r, s) ist somit ein singulärer Punkt in $C_f(\overline{F})$.

2. Fall: $\mathrm{char}(F) = 2$ und $a_1 \neq 0$.

Hier können wir unter Verwendung der Rechenregeln in Charakteristik 2

$$\Delta = a_1^6 a_6 + a_1^5 a_3 a_4 + a_1^4 a_2 a_3^2 + a_1^4 a_4^2 + a_1^3 a_3^3 + a_3^4$$

ausrechnen. (Diesen Term haben wir in 2.3.2 iii) schon einmal gesehen, dort gilt nämlich $a_6' = \frac{\Delta}{a_1^{12}}$.) Falls die Kurve $C_f(\overline{F})$ einen singulären Punkt enthält, so finden wir $r, s \in \overline{F}$ mit

$$f(r, s) = 0, a_1 s + r^2 + a_4 = 0 \text{ sowie } a_1 r + a_3 = 0.$$

Da $a_1 \neq 0$ ist, folgt daraus

$$r = \frac{a_3}{a_1} \quad \text{und} \quad s = \frac{a_3^2 + a_1^2 a_4}{a_1^3}.$$

Wenn wir dies in $f(r, s)$ einsetzen, so erhalten wir

$$f(r, s) = \frac{\Delta}{a_1^6},$$

also folgt $\Delta = 0$.

Falls umgekehrt $\Delta = 0$ ist, so definieren wir

$$r = \frac{a_3}{a_1} \quad \text{und } s = \frac{a_3^2 + a_1^2 a_4}{a_1}.$$

Wir haben schon gesehen, daß dann $f(r, s) = \frac{\Delta}{a_1^6}$ ist, woraus $f(r, s) = 0$ folgt. Damit haben wir einen singulären Punkt in $C_f(F)$ konstruiert.

3. Fall: $\operatorname{char}(F) = 3$.

In diesem Fall vereinfacht sich die Formel für die Diskriminante zu

$$\Delta = -b_2^2 b_8 - 8b_4^3.$$

Wir benutzen nun die Abbildung

$$\Phi : C_g(F) \to C_{h_1}(F)$$

aus 2.3.2 i), wobei

$$h_1(X, Y, Z) = Y^2 Z - X^3 - \frac{1}{4}b_2 X^2 Z - \frac{1}{2}b_4 X Z^2 - \frac{1}{4}b_6 Z^3$$

ist.

Wie im Beweis von 2.3.2 kann man durch Berechnen der Ableitungen mit Hilfe der Kettenregel zeigen, dass die Kurve $C_g(F)$ genau dann nicht-singulär ist, wenn C_{h_1} nicht-singulär ist. Definitionsgemäß erhält man nun die Diskriminante der Kurve C_{h_1}, indem man zu den "a-Koeffizienten" $a_1' = a_3' = 0$, $a_2' = \frac{1}{4}b_2$, $a_4' = \frac{1}{2}b_4$ und $a_6' = \frac{1}{4}b_6$ die "b-Koeffizienten" nach den obigen Formeln berechnet und in den Ausdruck für Δ einsetzt. Es ergibt sich hier $b_i' = b_i$ für $i = 2, 4, 6$ und 8, so dass die Kurven $C_g(F)$ und $C_{h_1}(F)$ dieselbe Diskriminante haben. Daher müssen wir unsere Behauptung nur für die Kurve $C_{h_1}(F)$ zeigen.

Wie wir zu Beginn gesehen haben, enthält die Kurve $C_{h_1}(\overline{F})$ genau dann einen singulären Punkt, wenn es Elemente r und s in $\overline{F}$ gibt mit

$$s^2 - r^3 - \frac{1}{4}b_2 r^2 - \frac{1}{2}b_4 r - \frac{1}{4}b_6 = 0, \, 3r^2 + \frac{1}{2}b_2 r + \frac{1}{2}b_4 = 0 \text{ und } 2s = 0,$$

also genau dann, wenn es ein r in $\overline{F}$ gibt, so daß das Polynom

$$\sigma(x) = x^3 + \frac{1}{4}b_2 x^2 + \frac{1}{2}b_4 x + \frac{1}{4}b_6$$

die Gleichungen $\sigma(r) = 0$ und $\frac{\partial \sigma}{\partial x}(r) = 0$ erfüllt.

Über dem algebraischen Abschluß $\overline{F}$ zerfällt σ nun in Linearfaktoren, d.h. es gilt

$$\sigma(x) = (x - \alpha_1)(x - \alpha_2)(x - \alpha_3)$$

für gewisse Nullstellen $\alpha_i \in \overline{F}$. Differenziert man diese Gleichung, so stellt man fest, dass es genau dann ein r gibt, das Nullstelle von σ und seiner Ableitung ist, wenn zwei dieser α_i übereinstimmen, d.h. wenn σ eine doppelte Nullstelle hat. Ob ein Polynom eine doppelte Nullstelle hat oder nicht, läßt sich durch Betrachten der sogenannten Diskriminante des Polynoms feststellen. Für $\sigma(x) = (x - \alpha_1)(x - \alpha_2)(x - \alpha_3)$ ist diese definiert als

$$D\sigma = (\alpha_1 - \alpha_2)^2(\alpha_1 - \alpha_3)^2(\alpha_2 - \alpha_3)^2.$$

Mit dieser Definition ist klar, daß σ genau dann eine doppelte Nullstelle hat, wenn $D\sigma$ verschwindet.

Also müssen wir nun zeigen, daß Δ genau dann gleich 0 ist, wenn $D\sigma = 0$ ist. Dazu benutzen wir eine Formel, die ganz allgemein die Diskriminante eines Polynoms mit Hilfe seiner Koeffizienten ausdrückt. Es gilt nämlich

$$D(x^3 + ux^2 + vx + w) = u^2v^2 - 4u^3w - 4v^3 - 27w^2 + 18uvw,$$

siehe [Li-Nie], S. 35. Damit errechnen wir sofort in Charakteristik 3

$$D(\sigma) = \frac{1}{64}b_2^2b_4^2 - \frac{1}{64}b_2^3b_6 - \frac{1}{2}b_4^3.$$

Eine leichte Rechnung zeigt die Relation $4b_8 = b_2b_6 - b_4^2$, mit deren Hilfe wir

$$D(\sigma) = \frac{1}{16}(-b_2^2b_8 - 8b_4^3) = \frac{1}{16}\Delta$$

erhalten, woraus unsere Behauptung folgt.

4. Fall: $\text{char}(F) > 3$.

Hier verwenden wir die Bijektion

$$\Psi \circ \Phi : C_g(F) \to C_{h_2}(F)$$

aus 2.3.2, wobei

$$h_2(X, Y, Z) = Y^2Z - X^3 + 27c_4XZ^2 + 54c_6Z^3$$

ist. Auch hier ergibt sich sofort durch Berechnung der Ableitungen, daß $C_g(F)$ genau dann nicht-singulär ist, wenn $C_{h_2}(F)$ nicht-singulär ist. Mit etwas Geduld können wir die Diskriminante der Kurve $C_{h_2}(F)$ berechnen als

$$2^6 3^9 (c_4^3 - c_6^2) = 2^{12} 3^{12} \Delta.$$

Es genügt also zu zeigen, daß unsere Behauptung für die Kurve $C_{h_2}(F)$ gilt. Wie im Fall der Charakteristik 3 können wir zeigen, daß die Kurve $C_{h_2}(\overline{F})$ genau dann einen singulären Punkt enthält, wenn das Polynom $x^3 - 27c_4 x - 54c_6$ eine doppelte Nullstelle besitzt, d.h. wenn seine Diskriminante verschwindet. Mit der oben erwähnten Formel für die Diskriminante eines Polynoms ist das genau dann der Fall, wenn $4 \cdot 27^3 c_4^3 - 27 \cdot 54^2 c_6^2 = 0$, d.h. $c_4^3 - c_6^2 = 0$ ist. Daraus folgt unsere Behauptung. $\square$

Ab sofort werden wir elliptische Kurven $C_g(F)$ auch $E(F)$ nennen. Wenn wir nicht dazusagen, wie die Weierstraßgleichung zu E aussieht, gehen wir immer von einem Polynom

$$g(X, Y, Z) = Y^2 Z + a_1 XYZ + a_3 YZ^2 - X^3 - a_2 X^2 Z - a_4 XZ^2 - a_6 Z^3$$

mit Koeffizienten $a_1, \ldots, a_6$ aus F aus.

Das Besondere an den elliptischen Kurven ist, daß man die Menge $E(F)$ mit der Struktur einer abelschen Gruppe ausstatten kann. Um die Addition in dieser Gruppe zu definieren, müssen wir erst noch einige Vorbereitungen treffen. Wir beginnen mit der Untersuchung projektiver Geraden.

Definiton 2.3.4 *Ist* $g \in F[X, Y, Z]$ *ein homogenes Polynom vom Grad 1, also*

$$g(X, Y, Z) = \alpha X + \beta Y + \gamma Z,$$

für α, β *und* γ *in* F, *die nicht alle gleichzeitig Null sind, so nennen wir die Kurve* $C_g(F)$ *projektive Gerade. Wir schreiben auch* $L(\alpha, \beta, \gamma)$ *anstatt* $C_g(F)$.

Eine solche projektive Gerade ist immer nicht-singulär im Sinne von Definition 2.2.7, denn für $g = \alpha X + \beta Y + \gamma Z$ gilt

$$\frac{\partial g}{\partial X}(P) = \alpha, \quad \frac{\partial g}{\partial Y}(P) = \beta \text{ und } \frac{\partial g}{\partial Z}(P) = \gamma$$

in jedem Punkt P der Kurve $C_g(\overline{F})$, und diese sind nicht gleichzeitig Null. Wenn wir $C_g(F)$ mit $i(\mathbb{A}^2(F))$ schneiden, so erhalten wir nach 2.2.5 die affine Kurve $C_f(F)$ mit

$$f(x, y) = \alpha x + \beta y + \gamma.$$

Hier gibt es zwei Möglichkeiten. Entweder α und β sind Null, dann muß $\gamma \neq 0$ sein, und $C_f(F)$ ist die leere Menge. Oder aber α und β sind nicht beide Null, dann ist im Fall $\beta \neq 0$:

$$C_f(F) = \{(x, y) \in F \times F : y = -\frac{\alpha}{\beta} x - \frac{\gamma}{\beta}\}$$

und im Fall $\beta = 0$ (also $\alpha \neq 0$):

$$C_f(F) = \{(x, y) \in F \times F : x = -\frac{\gamma}{\alpha}\}.$$

$C_f(F)$ ist also entweder leer oder eine gewöhnliche Gerade in der Ebene $\mathbb{A}^2(F) = F \times F$. Die Geraden im projektiven Raum sind in mancher Hinsicht einfacher zu handhaben als die gewöhnlichen Geraden in der Ebene, wie das folgende Lemma zeigt.

Lemma 2.3.5 *i) Durch je zwei verschiedene Punkte des $\mathbb{P}^2(F)$ führt genau eine projektive Gerade.*

ii) Zwei verschiedene projektive Geraden schneiden sich in genau einem Punkt in $\mathbb{P}^2(F)$.

Beweis: i) Es seien $P_1 = [a_1 : b_1 : c_1]$ und $P_2 = [a_2 : b_2 : c_2]$ zwei verschiedene Punkte aus $\mathbb{P}^2(F)$.

Wir suchen $(\alpha, \beta, \gamma) \neq (0, 0, 0)$ so daß

$$\alpha a_1 + \beta b_1 + \gamma c_1 = 0 \text{ und } \alpha a_2 + \beta b_2 + \gamma c_2 = 0$$

ist. Das ist ein lineares Gleichungssystem mit Koeffizientenmatrix

$$\begin{pmatrix} a_1 \ b_1 \ c_1 \\ a_2 \ b_2 \ c_2 \end{pmatrix}.$$

Da P_1 und P_2 verschieden sind, sind die beiden Zeilen dieser Matrix linear unabhängig, sie hat also den Rang 2. Nach der Dimensionsformel für lineare Abbildungen ist der Lösungsraum im F^3 daher eindimensional.

Mit anderen Worten, es gibt ein Tripel $(\alpha, \beta, \gamma) \neq (0, 0, 0)$, so daß $P_1 \in L(\alpha, \beta, \gamma)$ und $P_2 \in L(\alpha, \beta, \gamma)$, und jedes weitere Tripel $(\alpha', \beta', \gamma')$ mit dieser Eigenschaft ist ein Vielfaches von (α, β, γ). Daher gibt es genau eine projektive Gerade, die P_1 und P_2 enthält.

ii) Gegeben seien zwei verschiedene projektive Geraden $L(\alpha_1, \beta_1, \gamma_1)$ und $L(\alpha_2, \beta_2, \gamma_2)$. Dann hat die Matrix $\begin{pmatrix} \alpha_1 & \beta_1 & \gamma_1 \\ \alpha_2 & \beta_2 & \gamma_2 \end{pmatrix}$ den Rang zwei, ihr Kern ist nach der Dimensionsformel also eindimensional. Wir finden daher einen Vektor $\begin{pmatrix} a \\ b \\ c \end{pmatrix} \neq 0$ im Kern dieser Matrix. Der Punkt $P = [a : b : c] \in \mathbb{P}^2(F)$ liegt dann in beiden projektiven Geraden $L(\alpha_1, \beta_1, \gamma_1)$ und $L(\alpha_2, \beta_2, \gamma_2)$. Jeder weitere Punkt $P = [a' : b' : c']$ auf beiden Geraden gibt uns ebenfalls ein Element $\begin{pmatrix} a' \\ b' \\ c' \end{pmatrix} \neq 0$ im Kern. Da dies aus Dimensionsgründen ein Vielfaches des schon gefundenen Elementes $\begin{pmatrix} a \\ b \\ c \end{pmatrix}$ sein muß, folgt $P' = P$. $\qquad\qquad\square$

Dieses Lemma besagt, daß es im $\mathbb{P}^2(F)$ keine parallelen Geraden gibt. Was passiert dann mit parallelen Geraden in der Ebene $F \times F = \mathbb{A}^2(F)$? Es seien $c \neq 0$ und a Elemente aus F. Wir betrachten

$$f(x,y) = y - ax \text{ und } f_c(x,y) = y - ax - c.$$

Dann ist $C_f(L)$ die Gerade

$$\{(x,y) \in F \times F : y = ax\}$$

und $C_{f_c}(L)$ die dazu parallele Gerade

$$\{(x,y) \in F \times F : y = ax + c\}.$$

Die zugehörigen projektiven Geraden im Sinne von 2.2.5 sind $C_g(F)$ für

$$g(X,Y,Z) = Y - aX$$

und $C_{g_c}(F)$ für

$$g_c(X,Y,Z) = Y - aX - cZ.$$

Es gilt also $C_g(F) \cap \mathbb{A}^2(F) = C_f(F)$ und $C_{g_c}(F) \cap \mathbb{A}^2(F) = C_{f_c}(F)$. Wo liegt nun der eindeutig bestimmte Schnittpunkt von $C_g(F)$ und $C_{g_c}(F)$? Man kann leicht nachrechnen, daß dies der Punkt $P = [1 : a : 0]$ sein muß. Dieser liegt also nicht in der affinen Ebene $\mathbb{A}^2(F)$, sondern "im Unendlichen".

Definiton 2.3.6 *Es sei* $C_g(F)$ *eine projektive ebene Kurve und* $P =$ *$[a : b : c]$ ein nicht-singulärer Punkt auf* $C_g(F)$*. Die projektive Gerade*

$$L\left(\frac{\partial g}{\partial X}(a,b,c),\ \frac{\partial g}{\partial Y}(a,b,c),\ \frac{\partial g}{\partial Z}(a,b,c)\right)$$

heißt Tangente in P an $C_g(F)$.

Da wir angenommen haben, daß P ein nicht-singulärer Punkt ist, sind nicht alle drei Ableitungen gleichzeitig Null, so daß

$$L\left(\frac{\partial g}{\partial X}(a,b,c),\ \frac{\partial g}{\partial Y}(a,b,c),\ \frac{\partial g}{\partial Z}(a,b,c)\right)$$

in der Tat eine projektive Gerade ist. Sie hängt nicht von der Wahl der projektiven Koordinaten für P ab. Wenn man die Ableitungen des Polynoms $g(X,Y,Z)$ ausrechnet, stellt man fest, daß P auch wirklich auf der Tangente liegt.

Wenn wir im Fall $F = \mathbb{R}$ zu affinen Koordinaten übergehen und die Kurve mit ihrer Tangente in P zeichnen, so ergibt sich das gewohnte Bild:

Wir definieren nun die Vielfachheit, mit der sich eine Kurve und eine Gerade in einem Punkt schneiden. Das ist nötig, da sich ein Schnittverhalten wie in obigem Bild offenbar von einer Situationen wie dieser hier

unterscheidet.

Definiton 2.3.7 *Sei $L(\alpha, \beta, \gamma)$ eine projektive Gerade und $C_g(F)$ eine projektive Kurve. Wir fixieren einen Punkt $P = [a : b : c] \in L(\alpha, \beta, \gamma)$ und wählen einen beliebigen weiteren Punkt $P' = [a' : b' : c'] \in L(\alpha, \beta, \gamma)$. Dann ist die Vielfachheit, mit der sich $L(\alpha, \beta, \gamma)$ und $C_g(F)$ in P schneiden, definiert als die Nullstellenordnung in 0 des Polynoms*

$$\psi(t) = g(a + ta', b + tb', c + tc').$$

Wir bezeichnen sie mit $m(P, L(\alpha, \beta, \gamma), C_g(F))$.

Zunächst kann man sich leicht überlegen, daß man wirklich ein Polynom in t erhält, wenn man $(a + ta', b + tb', c + tc')$ in das Polynom g einsetzt. Die Nullstellenordnung in 0 des Polynoms ψ, das wir als

$$\psi(t) = w_0 + w_1 t + w_2 t^2 + \ldots + w_l t^l$$

mit Koeffizienten $w_0, \ldots, w_l$ in F schreiben können, ist dann die Potenz von t, mit der ψ "wirklich" anfängt, d.h. diejenige Zahl $j \in \{0, \ldots, l\}$, so daß

$$w_0 = 0, w_1 = 0, \ldots, w_{j-1} = 0 \text{ und } w_j \neq 0$$

ist (vgl. 6.5). Wenn z.B. $\psi(0) \neq 0$ ist, so ist die Nullstellenordnung von 0 einfach Null, denn $\psi(0) = w_0$. Allgemein gilt: Ist $\psi(0) = 0, \psi'(0) = 0, \ldots, \psi^{(k)}(0) = 0$, sind also alle Ableitungen bis zur k-ten Null, so ist die Nullstellenordnung in 0 echt größer als k, denn es ist $\psi(0) = w_0, \psi'(0) = w_1$ usw.

Diese Definition hängt nicht von der Wahl des Punktes P' ab.

Es gilt $\psi(0) \neq 0$ genau dann, wenn $P \notin C_g(F)$ ist, so daß jeder Punkt in $L(\alpha, \beta, \gamma)$, der gar nicht auf der Kurve liegt, die Vielfachheit 0 bekommt. Der Vollständigkeit halber setzen wir noch $m(P, L, (\alpha, \beta, \gamma), C_g(F)) = 0$, falls $P \notin L(\alpha, \beta, \gamma)$ ist.

Wenn wir mal annehmen, daß $L = L(\alpha, \beta, \gamma)$ die Tangente von $C_g(F)$ in $P \in C_g(F)$ ist, also

$$\alpha = \frac{\partial g}{\partial X}(a, b, c), \beta = \frac{\partial g}{\partial Y}(a, b, c) \text{ und } \gamma = \frac{\partial g}{\partial Z}(a, b, c)$$

ist, so ist

$$m(P, L, C_g(F)) \geq 2.$$

Wir wissen nämlich schon, daß $\psi(0) = 0$ ist und können mit Hilfe der Kettenregel (siehe 6.5) berechnen:

$$\psi'(0) = \frac{\partial g}{\partial X}(a,b,c) \cdot a' + \frac{\partial g}{\partial Y}(a,b,c) \cdot b' + \frac{\partial g}{\partial Z}(a,b,c) \cdot c' = 0,$$

da P' auf der Tangente liegt.

Es gilt nun folgender wichtiger

Satz 2.3.8 *Für eine projektive Gerade L und eine elliptische Kurve $E(F)$ gilt: Die Summe aller Vielfachheiten*

$$\sum_{P \in \mathbb{P}^2(F)} m(P, L, E(F))$$

ist entweder 0, 1 oder 3.

Beweis: Es sei L die Gerade $L(\alpha, \beta, \gamma)$ und $E(F)$ die elliptische Kurve zur Weierstraßgleichung $g(X, Y, Z) = Y^2 Z + a_1 XYZ + a_3 YZ^2 - X^3 - a_2 X^2 Z - a_4 XZ^2 - a_6 Z^3 = 0$. Da $m(P, L, E(F)) = 0$ ist für alle Punkte P, die nicht in $L \cap E(F)$ liegen, müssen wir nur Punkte in dieser Schnittmenge betrachten. Dafür unterscheiden wir drei Fälle:

1. Fall: $\alpha = \beta = 0$.

In diesem Fall kann man leicht nachrechnen, daß nur der Punkt $O = [0 : 1 : 0]$ in $L \cap E(F)$ liegt. Wir benutzen den Hilfspunkt $[1 : 0 : 0]$ auf L, um $m(O, L, E(F))$ zu berechnen. Nach Definition 2.3.7 ist dies die Nullstellenordnung von $\psi(t) = -t^3$ in Null, also gleich 3. Damit ist in diesem Fall auch die Summe der Vielfachheiten gleich 3, also unsere Behauptung gezeigt.

2. Fall: $\alpha \neq 0$ und $\beta = 0$.

Es sei $P = [x : y : z]$ ein Punkt in L. Dann ist insbesondere $\alpha x = -\gamma z$. Es gibt also zwei Möglichkeiten: entweder ist $z = 0$, also

$$P = O = [0 : 1 : 0],$$

oder z ist ungleich Null, und

$$P = [-\frac{\gamma}{\alpha} : y_0 : 1]$$

für ein $y_0 \in F$.

Im ersten Fall liegt $O = [0 : 1 : 0]$ auch auf $E(F)$ und wir berechnen die Vielfachheit $m(O, L, E(F))$ mit dem Hilfspunkt $[-\gamma : 0 : \alpha] \in L$, indem wir das Polynom $\psi(t) = g(-\gamma t, 1, \alpha t)$ ausrechnen. Dieses hat die Nullstellenordnung 1 in Null, so daß

$$m(O, L, E(F)) = 1$$

folgt.

Im zweiten Fall liegt P genau dann in $E(F)$, wenn y_0 eine Nullstelle des Polynoms

$$h(y) = g(-\frac{\gamma}{\alpha}, y, 1)$$

ist. In diesem Fall ergibt sich mit dem Hilfspunkt $O = [0 : 1 : 0] \in L$ gerade, daß die Vielfachheit von P gleich der Nullstellenordnung von

$$\psi(t) = h(y_0 + t)$$

in $t = 0$ ist. Wir können das Polynom $h(y)$ nun schreiben als

$$h(y) = (y - y_0)^k h^*(y),$$

wobei k die Ordnung der Nullstelle y_0 von h und h^* ein Polynom mit $h^*(y_0) \neq 0$ ist. Da

$$\psi(t) = h(y_0 + t) = t^k h^*(y_0 + t)$$

ist, ist k auch die Nullstellenordnung von ψ in Null. Wir sehen also, daß der gesuchte Term $\sum\limits_{P \in \mathbb{P}^2(F)} m(P, L, E(F))$ gerade 1 plus die Summe der Ordnungen aller Nullstellen von h in F ist. Wenn wir $h(y) = g(-\frac{\gamma}{\alpha}, y, 1)$ ausrechnen, sehen wir, daß h ein Polynom vom Grad zwei ist. Daher hat h entweder keine Nullstelle in F, oder eine Nullstelle der Ordnung 2 oder zwei Nullstellen der Ordnung 1 in F. In jedem Fall folgt unsere Behauptung.

3. Fall: $\beta \neq 0$.

Hier kann der Punkt O nicht auf der Geraden L liegen, also ist $L \cap E(F)$ ganz im affinen Raum $\mathbb{A}^2(F)$ enthalten. Ein Punkt $P = [x_0 : y_0 : 1]$ liegt in $L \cap E(F)$ genau dann, wenn

$$y_0 = -\frac{\gamma}{\beta} - \frac{\alpha}{\beta} x_0$$

ist und wenn x_0 eine Nullstelle des Polynoms

$$h(x) = g(x, -\frac{\gamma}{\beta} - \frac{\alpha}{\beta}x, 1)$$

ist. Für ein solches $P \in L \cap E(F)$ berechnen wir nun die Vielfachheit $m(P, L, E(F))$ mit Hilfe des Punktes $P' = [-\beta : \alpha : 0]$ auf L. Hier ergibt sich

$$\begin{aligned}\psi(t) &= g(x_0 - t\beta, y_0 + t\alpha, 1) \\ &= g(x_0 - t\beta, -\tfrac{\gamma}{\beta} - \tfrac{\alpha}{\beta}(x_0 - t\beta), 1) = h(x_0 - t\beta).\end{aligned}$$

Wie im zweiten Fall folgt daraus, daß $m(P, L, E(F))$ gleich der Ordnung der Nullstelle x_0 in h ist. Daher ist unser gesuchter Term gerade die Summe der Ordnungen aller Nullstellen dieses Polynoms, die in F liegen. Wenn wir $h(x) = g(x, -\frac{\gamma}{\beta} - \frac{\alpha}{\beta}x, 1)$ berechnen, stellen wir fest, daß es den Grad 3 hat mit höchstem Koeffizienten -1. Über dem algebraischen Abschluß $\overline{F}$ können wir es also folgendermaßen zerlegen:

$$h(x) = -(x - x_1)(x - x_2)(x - x_3)$$

mit gewissen x_1, x_2 und x_3 in $\overline{F}$, die nicht alle verschieden sein müssen. Die Summe der Ordnungen aller Nullstellen von h in F ist also die Anzahl der x_i, die in F liegen. Diese Anzahl ist auf jeden Fall kleiner oder gleich drei. Sie kann außerdem nicht gleich zwei sein, denn der Koeffizient von h vor x^2 ist $x_1 + x_2 + x_3$, daher muß dieser Term in F liegen. Dann liegt aber mit je zweien der x_i auch der dritte von ihnen in F. Also folgt auch in diesem Fall unsere Behauptung. $\square$

Korollar 2.3.9 *Für eine elliptische Kurve $E(F)$ gilt:*

i) Es seien P und Q zwei verschiedene Punkte auf $E(F)$ und L die projektive Gerade, die beide verbindet. Dann hat L (mit Vielfachheiten gezählt) noch einen dritten Schnittpunkt mit $E(F)$.

ii) Es sei L die Tangente an $E(F)$ im Punkt $P \in E(F)$. Dann hat L (mit Vielfachheiten gezählt) noch einen dritten Schnittpunkt mit $E(F)$, wenn wir P doppelt zählen.

Hier soll "mit Vielfachheiten gezählt" heißen, daß wir jeden Punkt Q genau $m(Q, L, C_g(F))$ - mal aufzählen.

Beweis: Im Fall i) sagt uns 2.3.8, daß

$$\sum_{P \in \mathbb{P}^2(F)} m(P, L, E(F)) = 3$$

sein muß. Entweder gibt es also einen Punkt R in $L \cap E(F)$, der von P und Q verschieden ist (dann haben P, Q und R die Vielfachheit 1), oder aber einer der Punkte P und Q hat die Vielfachheit 2, der andere die Vielfachheit 1. Im ersten Fall ist R unser zusätzlicher Schnittpunkt, im zweiten Fall derjenige Punkt, der die Vielfachheit 2 hat.

Im Fall ii) wissen wir, daß P die Vielfachheit ≥ 2 hat. Also sagt uns 2.3.8, daß es entweder einen Punkt $Q \in L \cap E(F)$ gibt, der verschieden von P ist, oder aber, daß P schon die Vielfachheit 3 hat. Im ersten Fall ist Q, im zweiten P unser zusätzlicher Schnittpunkt. □

Jetzt können wir auf einer elliptischen Kurve $E(F)$ ein Gruppengesetz definieren:

Definiton 2.3.10 *Es sei $E(F)$ eine elliptische Kurve. Für zwei verschiedene Punkte P und Q in $E(F)$ definieren wir einen Punkt $P \oplus Q$ in $E(F)$ wie folgt: Wir legen eine projektive Gerade L_1 durch P und Q. Nach 2.3.9 schneidet L_1 die Kurve $E(F)$ in einem weiteren Punkt, den wir $P * Q$ nennen. Nun legen wir eine projektive Gerade L_2 durch $P * Q$ und den Punkt $O = [0 : 1 : 0]$, der in $E(F)$ liegt. (Wenn zufällig schon $P * Q = O$ sein sollte, so nehmen wir die Tangente an $E(F)$ in O und nennen sie L_2). Die Gerade L_2 schneidet $E(F)$ nun ebenfalls in einem dritten Punkt, das sei der gesuchte Punkt $P \oplus Q$.*

Auf ähnliche Weise definieren wir einen Punkt $P \oplus P$ auf $E(F)$. Hier sei L_1 die Tangente an $E(F)$ in P, und $P * P$ der dritte Schnittpunkt von L_1 mit $E(F)$. Nun verbinden wir wie oben $P * P$ und O durch eine projektive Gerade L_2, deren dritter Schnittpunkt mit $E(F)$ der Punkt $P \oplus P$ sei.

Das können wir uns folgendermaßen vorstellen:
Wenn wir $E(F)$ mit der affinen Ebene $\mathbb{A}^2(F)$ schneiden, d.h. die Teilmenge $E(F) \backslash \{O\}$ betrachten, bekommen wir eine affine Kurve, etwa von der folgenden Gestalt:

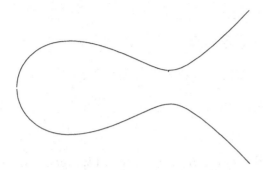

Was ist nun $P \oplus Q$?

Wir bestimmen zunächst L_1 und $P * Q$:

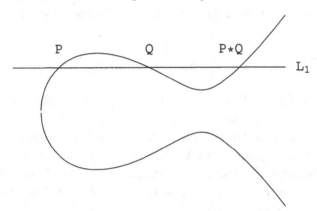

Wie finden wir die projektive Gerade L_2?

$P*Q$ ist hier ein Punkt $(x_0, y_0) \in \mathbb{A}^2(F)$, der dem Punkt $[x_0 : y_0 : 1]$ in $E(F)$ entspricht. L_2 soll diesen Punkt mit $O = [0 : 1 : 0]$ verbinden. Man kann wie im Beweis von 2.3.5 ein lineares Gleichungssystem lösen, um L_2 zu finden. Dabei ergibt sich

$$L_2 = L(1, 0, -x_0),$$

d.h. L_2 ist die Lösungsmenge der Gleichung $X - x_0 Z = 0$. Daher besteht L_2 aus dem Punkt $O = [0 : 1 : 0]$ und allen Punkten der Form $[x_0 : t : 1]$ für beliebiges $t \in F$. Der Schnitt von L_2 mit $\mathbb{A}^2(F)$ ist also die affine Gerade $\{(x_0, y) : y \in F\}$. Diese ist parallel zur y-Achse:

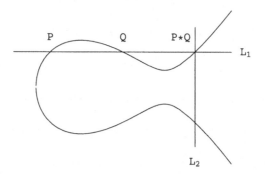

$P \oplus Q$ ist also der Punkt, der entsteht, wenn man $P * Q$ an der horizontalen Symmetrieachse spiegelt.

Wir wollen nun ausrechnen, was $P \oplus O$ ist. Wenn $P = O$ ist, wir also den Punkt $O \oplus O$ suchen, so ist L_1 die Tangente an $E(F)$ im Punkt O. Nun kann man für eine beliebige Weierstraßgleichung g leicht ausrechnen, daß

$$\frac{\partial g}{\partial X}(0,1,0) = 0, \frac{\partial g}{\partial Y}(0,1,0) = 0 \text{ und } \frac{\partial g}{\partial Z}(0,1,0) = 1$$

ist. Also ist L_1 die Gerade $L(0,0,1)$, gegeben durch die Gleichung $Z = 0$. Da $L(0,0,1)$ das Komplement von $\mathbb{A}^2(F)$ in $\mathbb{P}^2(F)$ ist, wissen wir schon, daß diese Gerade die elliptische Kurve nur in O schneidet! Der dritte Schnittpunkt (mit Vielfachheiten gezählt) muß also wieder O sein. Also ist der Punkt $O * O$ hier gleich O. (Man könnte hier auch verwenden, daß die Vielfachheit $m(O, L_1, E(F)) = 3$ ist, wie wir im Beweis von 2.3.8 ausgerechnet haben.)

L_2 ist daher die Tangente in O an $E(F)$, also gleich $L_1 = L(0,0,1)$, und wir wissen schon, daß ihr dritter Schnittpunkt mit $E(F)$ ebenfalls der Punkt O ist. Also gilt

$$O \oplus O = O.$$

Nun nehmen wir einen Punkt $P \neq O$ her und legen eine projektive Gerade L_1 durch P und O, die $E(F)$ in einem dritten Punkt $P * O$ schneidet. Da L_1 eine Gerade durch O und $P * O$ ist, muß $L_1 = L_2$, also der dritte Schnittpunkt von L_2 mit $E(F)$ gleich P sein:

$$P \oplus O = P.$$

Wir sehen also, daß O die Eigenschaft eines neutralen Elementes hat.

Lemma 2.3.11 *Wenn P, Q und R drei verschiedene Punkte in $E(F)$ sind, die auf der projektiven Geraden L liegen, so ist*

$$(P \oplus Q) \oplus R = O.$$

Dasselbe gilt, wenn P, Q und R nicht notwendigerweise verschieden sind, aber nur gerade so oft unter P, Q, R auftreten, wie es ihrer Vielfachheit $m(-, L, E(F))$ entspricht.

Beweis: Wir rechnen zunächst $P \oplus Q$ aus. In beiden Fällen ist $L_1 = L$ und der dritte Schnittpunkt von L mit $E(F)$ gleich R. Also ist $P \oplus Q$ der dritte Schnittpunkt der Gerade L_2 durch R und O mit $E(F)$.

Wollen wir hierzu R addieren, so legen wir zuerst eine Gerade L_1' durch R und $P \oplus Q$. Es ist $L_1' = L_2$, ihr dritter Schnittpunkt mit $E(F)$ ist daher O. Nun betrachten wir die Tangente L_2' in O an $E(F)$. Wir haben schon gesehen, daß ihr dritter Schnittpunkt mit $E(F)$ wieder O ist. Unser Ergebnis ist also

$$(P \oplus Q) \oplus R = O,$$

wie behauptet.   □

Es gilt nun folgender wichtiger Satz:

Satz 2.3.12 *Es sei $E(F)$ eine elliptische Kurve. Die in 2.3.10 definierte Verknüpfung*

$$\oplus : (P, Q) \mapsto P \oplus Q$$

macht $E(F)$ zu einer abelschen Gruppe mit neutralem Element O.

Mit anderen Worten, es gilt:

i) $P \oplus O = P$ für alle $P \in E(F)$.

ii) Für alle $P \in E(F)$ gibt es einen Punkt $\ominus P \in E(F)$ mit $P \oplus (\ominus P) = O$.

iii) $P \oplus Q = Q \oplus P$ für alle $P, Q \in E(F)$.

iv) $(P \oplus Q) \oplus R = P \oplus (Q \oplus R)$ für alle $P, Q, R \in E(F)$.

Beweis: Teil i) haben wir oben schon bewiesen. Das Inverse $\ominus P$ sei der dritte Schnittpunkt der Geraden durch O und P mit $E(F)$. (Also zum Beispiel $\ominus O = O$.) Definitionsgemäß ist $\ominus P$ ein Punkt in $E(F)$, der mit O und P auf einer gemeinsamen Geraden liegt. Nach 2.3.11 gilt also

$$O = (P \oplus O) \oplus (\ominus P) = P \oplus (\ominus P).$$

Damit ist auch ii) bewiesen.

Teil iii) folgt sofort aus der Definition von $P \oplus Q$: Die Gerade L_1, mit der wir starten, hängt nicht von der Reihenfolge von P und Q ab, und damit auch nicht das Ergebnis $P \oplus Q$ unserer Konstruktion.

Teil iv) ist die einzige schwierige Behauptung. Wir werden später (in 2.3.13) explizite Formeln für den Punkt $P \oplus Q$ angeben. Mit diesen könnte man mit etwas Mühe das Assoziativgesetz direkt nachrechnen. Ein anderer elementarer Beweis findet sich in [Kna], III.3. Wenn man wirklich verstehen will, was theoretisch hinter dem Gruppengesetz auf einer elliptischen Kurve steckt, so sollte man den Beweis in [Si], Prop. 3.4, S. 66 studieren.

Wir geben hier noch einen einfachen geometrischen Beweis für die Assoziativität unter der Annahme, daß die acht Punkte O, P, Q, R, $P * Q$, $Q * R$, $P \oplus Q$ und $Q \oplus R$ paarweise verschieden sind, und keiner der Punkte $P * (Q \oplus R)$ und $(P \oplus Q) * R$ darunter ist. Offenbar genügt es zu zeigen, daß

$$(P \oplus Q) * R = P * (Q \oplus R)$$

ist. Für die Konstruktion dieser Punkte benutzen wir Geraden L_1, L_2, L_3 sowie M_1, M_2 und M_3, deren Lage in folgendem Diagramm festgehalten wird:

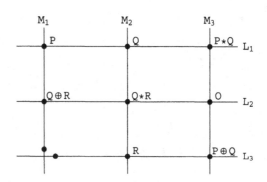

Hier ist der dritte eingezeichnete Punkt auf M_1 gerade $P * (Q \oplus R)$, der dritte eingezeichnete Punkt auf L_3 ist $(P \oplus Q) * R$.

Es sei T der Schnittpunkt der Geraden L_3 und M_1. Es genügt zu zeigen, daß T in $E(F)$ liegt. Definitionsgemäß ist nämlich die Summe der Vielfachheiten von $P \oplus Q$, R und $(P \oplus Q) * R$ in $L_3 \cap E(F)$ gleich 3. Wegen 2.3.8 muß daher T einer dieser Punkte sein, wenn er ebenfalls in $E(F)$ liegt. Auf dieselbe Weise sieht man, daß T einer der Punkte P, $Q \oplus R$ oder $P * (Q \oplus R)$ sein muß. Nach unserer Annahme kann das nur dann eintreffen, wenn

$$T = (P \oplus Q) * R = P * (Q \oplus R)$$

ist.

Wir zeigen also jetzt $T \in E(F)$. Es sei V der F-Vektorraum der homogenen Polynome in X, Y und Z vom Grad 3. Dieser hat die Dimension 10 über F, da die Monome

$$X^3, X^2 Y, X^2 Z, XY^2, XYZ, XZ^2, Y^3, Y^2 Z, YZ^2 \text{ und } Z^3$$

eine Basis bilden. Ferner sei V' der Unterraum aller Polynome $p \in V$, die in allen acht Punkten O, P, Q, R, $P * Q$, $Q * R$, $P \oplus Q$ und $Q \oplus R$ verschwinden. Für jeden Punkt $S \in \mathbb{P}^2(F)$ bedeutet die Bedingung $p(S) = 0$, daß p im Kern der linearen Abbildung $V \to F$, gegeben durch

$$q \mapsto q(S')$$

liegt, wobei $S' \in F^3$ beliebige projektive Koordinaten für S sind. Der Raum V_S aller kubischen Polynome p mit $p(S) = 0$ hat also nach der Dimensionsformel die Dimension 9. Somit hat V' als Schnitt von acht Unterräumen der Dimension 9 eine Dimension größer oder gleich 2.

Wir behaupten, daß $\dim(V') = 2$ gilt. Dazu betrachten wir den Schnittpunkt S von L_1 und L_2, der nach 2.3.5 irgendwo im projektiven Raum existiert. Aufgrund unserer Annahme ist S keiner der in unserem Diagramm eingezeichneten Punkte. Nach der Dimensionsformel folgt die Behauptung $\dim(V') = 2$, wenn $V' \cap V_S$ eindimensional ist. Also betrachten wir ein beliebiges kubisches Polynom p aus $V' \cap V_S$. Dieses definiert eine projektive Kurve $C_p(F)$, die mit L_1 und L_2 je 4 verschiedene Schnittpunkte gemeinsam hat. Daraus kann man schließen, daß die homogenen Geradengleichungen l_1 und l_2 von L_1 bzw. L_2 das Polynom p teilen. (Es handelt sich hierbei um einen Spezialfall des Lemmas von Bezout, das besagt, daß der Schnitt von zwei projektiven Kurven $C_f(F)$ und $C_g(F)$ höchstens mn Punkte enthält, wenn f

und g den Grad n bzw. m haben und kein homogenes Polynom vom Grad > 0 als gemeinsamen Faktor besitzen. Einen elementaren Beweis dieser Aussage findet man in [Kna], Theorem 2.4, S. 27.)

Also muß

$$p = l_1 l_2 l$$

sein mit einem weiteren Faktor l, der aus Gradgründen homogen vom Grad 1 sein muß. Nun sind R und $P \oplus Q$ Nullstellen von p, aber nicht von $l_1 l_2$, also Nullstellen von l. Daher muß $C_l(F)$ die eindeutig bestimmte projektive Gerade durch R und $P \oplus Q$ sein, d.h. $C_l(F) = L_3$. Hieraus folgt, daß p ein Vielfaches von $l_1 l_2 l_3$ ist. Daher ist der Vektorraum $V' \cap V_S$ eindimensional, erzeugt von $l_1 l_2 l_3$. Somit gilt in der Tat $\dim(V') = 2$.

Es seien nun m_1, m_2 und m_3 homogene Polynome, die die Geraden M_1, M_2 und M_3 definieren. Dann bilden die zwei linear unabhängigen Elemente

$$p_1 = l_1 l_2 l_3 \text{ und } p_2 = m_1 m_2 m_3$$

eine Basis von V'. Da $E(F)$ durch ein homogenes Polynom g vom Grad 3 gegeben ist, das in allen acht Punkten O, P, Q, R, $P * Q$, $Q * R$, $P \oplus Q$ und $Q \oplus R$ verschwindet, liegt g in V', also gilt

$$g = \alpha p_1 + \beta p_2$$

mit gewissen Konstanten α und β.

Der Punkt $T \in L_3 \cap M_1$ ist nun eine Nullstelle von p_1 und p_2, also auch eine Nullstelle von g. Daher gilt in der Tat $T \in E(F)$.   □

Da wir uns jetzt davon vergewissert haben, daß die Verknüpfung $\oplus$ wirklich ein Gruppengesetz definiert, schreiben wir ab sofort $P + Q$ anstatt $P \oplus Q$ und $-P$ anstatt $\ominus P$. Außerdem definieren wir

$$mP = \underbrace{P + \ldots + P}_{m} \quad \text{für } m > 0,$$
$$(-m)P = -(mP) \quad \text{für } m > 0 \text{ und}$$
$$0P = O.$$

Wir wollen nun den Punkt $P + Q$ in Koordinaten angeben. Da wir schon wissen, wie sich das neutrale Element O unter Addition eines beliebigen $P \in E(F)$ verhält, müssen wir nur Summen $P + Q$ für $P, Q \neq O$ beschreiben. Wenn $E(F)$ durch ein Polynom

$$g(X, Y, Z) = Y^2 Z + a_1 X Y Z + a_3 Y Z^2 - X^3 - a_2 X^2 Z - a_4 X Z^2 - a_6 Z^3$$

gegeben ist, so brauchen wir also nur Punkte aus $E(F) \cap i(\mathbb{A}^2(F)) = i(C_f(F))$ für

$$f(x, y) = y^2 + a_1 xy + a_3 y - x^3 - a_2 x^2 - a_4 x - a_6$$

zu betrachten (vgl. 2.2.5). Der folgende Satz zeigt, wie man die Summe zweier solcher Punkte explizit berechnet. Wir lassen hier der Einfachheit halber die Abbildung i weg, schreiben also einfach (x, y) statt $[x : y : 1]$.

Satz 2.3.13 *i) Für $P_1 = (x_1, y_1) \in C_f(F)$ ist $-P_1 = (x_1, -y_1 - a_1 x_1 - a_3)$.*

ii) Seien $P_1 = (x_1, y_1)$ und $P_2 = (x_2, y_2)$ zwei Punkte in $C_f(F)$.

a) Falls $x_1 = x_2$ und $y_1 + y_2 + a_1 x_1 + a_3 = 0$, so ist $P_1 + P_2 = O$.

b) Falls diese Bedingungen nicht gelten, so liegt $P_3 = P_1 + P_2$ in $C_f(F)$ und hat die affinen Koordinaten (x_3, y_3), wobei gilt:

$$x_3 = \lambda^2 + a_1 \lambda - a_2 - x_1 - x_2 \quad \text{und}$$

$$y_3 = -(\lambda + a_1) x_3 - \nu - a_3$$

mit $\lambda, \nu \in F$, die folgendermaßen definiert sind:

$$\lambda = \frac{y_2 - y_1}{x_2 - x_1}, \quad \nu = \frac{y_1 x_2 - y_2 x_1}{x_2 - x_1}, \quad \text{falls } x_1 \neq x_2$$

$$\text{und} \quad \lambda = \frac{3x_1^2 + 2a_2 x_1 + a_4 - a_1 y_1}{2y_1 + a_1 x_1 + a_3},$$

$$\nu = \frac{-x_1^3 + a_4 x_1 + 2a_6 - a_3 y_1}{2y_1 + a_1 x_1 + a_3}, \quad \text{falls } x_1 = x_2.$$

Beweis: i) Wir wissen, daß $-P_1$ der dritte Schnittpunkt der Geraden L durch P_1 und O mit $E(F)$ ist. Diese Gerade L ist gleich $L(1, 0, -x_1)$, wie wir in unseren Überlegungen nach 2.3.10 berechnet haben, d.h. jeder Punkt $P = (x, y)$ im affinen Raum $\mathbb{A}^2(F)$, der auf L liegt, genügt der Gleichung $x - x_1 = 0$. Jeder Punkt (x, y) in $\mathbb{A}^2(F) \cap L$, der außerdem noch in $E(F)$ liegt, muß zusätzlich die Weierstraßgleichung $f(x, y) = 0$ erfüllen. Hier können wir $x = x_1$ einsetzen und erhalten

$$y^2 + a_1 x_1 y + a_3 y - x_1^3 - a_2 x_1^2 - a_4 x_1 - a_6 = 0.$$

Dies ist eine quadratische Gleichung der Form

$$y^2 + cy + d = 0$$

mit Koeffizienten $c = a_1x_1 + a_3$ und $d = -x_1^3 - a_2x_1^2 - a_4x_1 - a_6$ aus F.

Sie hat daher zwei Lösungen im algebraischen Abschluß $\overline{F}$ von F. Eine Lösung, nämlich y_1, kennen wir bereits, da $P_1 = (x_1, y_1)$ ein Punkt auf $E(F) \cap L$ ist. Also ist

$$y^2 + cy + d = (y - y_1)(y - y_1')$$

mit der zweiten Lösung y_1' in $\overline{F}$. Multipliziert man die rechte Seite aus und vergleicht die Koeffizienten, so gilt $-y_1 - y_1' = c$, d.h.

$$y_1' = -y_1 - c = -y_1 - a_1x_1 - a_3.$$

Also liegt y_1' auch in F, der Punkt (x_1, y_1') liegt also in $E(F) \cap L$. Daher besteht $E(F) \cap L$ aus den Punkten O, P_1 und (x_1, y_1').

Falls $(x_1, y_1') \neq P$ ist, so ist klar, daß dieser Punkt der gesuchte dritte Schnittpunkt ist, d.h.

$$-P_1 = (x_1, -y_1 - a_1x_1 - a_3).$$

Was ist aber, wenn $(x_1, y_1') = P_1$? Wir wissen, daß wir nach Vielfachheiten gezählt drei Schnittpunkte haben. Also hat in diesem Fall entweder O oder P_1 die Vielfachheit 2. Falls O die Vielfachheit 2 hat, so wäre dies der dritte Schnittpunkt, also $O = -P_1$, daraus folgte $O + P_1 = O$. Nun ist P_1 ist verschieden von O gewählt, dieser Fall kann also nicht eintreten. Daher hat P_1 die Vielfachheit 2 und es gilt

$$-P_1 = P_1 = (x_1, y_1'),$$

somit unsere Formel.

ii) Falls für zwei Punkte $P_1 = (x_1, y_1)$ und $P_2 = (x_2, y_2)$ in $E(F)$ gilt

$$x_2 = x_1 \text{ und } y_2 = -y_1 - a_1x_1 - a_3,$$

so folgt aus i), daß $P_2 = -P_1$, also $P_1 + P_2 = O$ ist.

Wir nehmen also ab jetzt an, daß dies nicht der Fall ist und untersuchen zunächst den Fall $P_1 \neq P_2$. In diesem Fall muß $x_1 \neq x_2$ sein. Wäre nämlich $x_1 = x_2$, so läge P_2 auf der Gerade $L(1, 0, -x_1)$ durch O und P_1. Da P_2 von O und P_1 verschieden ist, folgte $P_2 = -P_1$, also nach i) auch $y_2 = -y_1 - a_1x_1 - a_3$, und diesen Fall haben wir gerade ausgeschlossen.

Es sei nun L die Gerade, die P_1 und P_2 verbindet. L hat die Form $L(\lambda', \mu', \nu')$ mit zunächst noch unbekannten Parametern λ', μ' und ν' in F. Die Punkte $P = (x, y)$ in $L \cap \mathbb{A}^2(F)$ genügen also der Gleichung

$$\lambda' x + \mu' y + \nu' = 0, \text{ d.h. } -\mu' y = \lambda' x + \nu'.$$

Der Koeffizient μ' muß hier $\neq 0$ sein. Warum? Nun, wäre $\mu' = 0$, so würden unsere beiden Punkte P_1 und P_2, die auf L liegen, der Gleichung

$$\lambda' x_1 + \nu' = 0 = \lambda' x_2 + \nu',$$

genügen. Da $x_1 \neq x_2$ ist, muß dann $\lambda' = 0$ sein, und damit auch $\nu' = 0$. Das darf aber nicht sein! Also ist wirklich $\mu' \neq 0$ und wir können die Geradengleichung umformen zu einer Gleichung der Form

$$y = \lambda x + \nu$$

mit Koeffizienten $\lambda = -\frac{\lambda'}{\mu'}$ und $\nu = -\frac{\nu'}{\mu'}$ aus F. Da P_1 und P_2 auf L liegen, gilt

$$y_1 = \lambda x_1 + \nu \text{ und } y_2 = \lambda x_2 + \nu,$$

also $\lambda(x_2 - x_1) = y_2 - y_1$. Da $x_1 \neq x_2$ ist, folgt

$$\lambda = \frac{y_2 - y_1}{x_2 - x_1}.$$

Außerdem ist

$$\nu = y_1 - \lambda x_1 = y_1 - \frac{y_2 - y_1}{x_2 - x_1} x_1 = \frac{y_1(x_2 - x_1) - x_1(y_2 - y_1)}{x_2 - x_1}$$
$$= \frac{y_1 x_2 - y_2 x_1}{x_2 - x_1}.$$

Wir setzen dies nun in die affine Weierstraßgleichung $f(x, y) = 0$ ein, und schließen, daß jeder Punkt $P = (x, y)$ im affinen Raum, der auf $E(F)$ und L liegt, der Gleichung

$$(*) \quad (\lambda x + \nu)^2 + a_1 x(\lambda x + \nu) + a_3(\lambda x + \nu) - x^3 - a_2 x^2 - a_4 x - a_6 = 0$$

also - nach Ausmultiplizieren - auch der Gleichung

$$-x^3 + (\lambda^2 + a_1\lambda - a_2)x^2 + (2\lambda\nu + a_1\nu + a_3\lambda - a_4)x + (\nu^2 + a_3\nu - a_6) = 0$$

genügt.

Dies ist eine Polynom-Gleichung dritten Grades in x, von der wir zwei verschiedene Lösungen, nämlich x_1 und x_2 schon kennen. Über dem algebraischen Abschluß $\overline{F}$ können wir die linke Seite also schreiben als

$$(**)\quad c(x - x_1)(x - x_2)(x - x')$$

für ein $c \in F$ und ein $x' \in \overline{F}$. Wir multiplizieren dies aus und vergleichen die beiden höchsten Koeffizienten beider Polynome. Das ergibt

$$c = -1 \text{ und } \lambda^2 + a_1\lambda - a_2 = x_1 + x_2 + x'$$

Daher ist $x' = \lambda^2 + a_1\lambda - a_2 - x_1 - x_2$ ein Element von F. Wir haben nun alle Punkte in $\mathbb{A}^2(F) \cap L \cap E(F)$ bestimmt: es sind P_1, P_2 und $P' = (x', \lambda x' + \nu)$.

Wenn P' von P_1 und P_2 verschieden ist, so ist P' der gesuchte dritte Schnittpunkt auf E mit L, d.h. $P' = -(P_1 + P_2)$. Was aber ist, wenn $P' = P_1$ oder $P' = P_2$ ist? Hier müssen wir die entsprechende Vielfachheit ausrechnen. Wir nehmen an, daß $P' = P_1$ ist. (Der Fall $P' = P_2$ geht genauso.) Genau wie im Beweis von 2.3.8, 3. Fall, kann man zeigen, daß die Vielfachheit von P_1 in $E(F) \cap L$ gerade gleich der Ordnung der Nullstelle x_1 in der linken Seite der Gleichung $(**)$ ist, also gleich zwei, da $x_1 = x'$ ist. Daher gilt auch hier

$$P' = -(P_1 + P_2).$$

Nun sind wir fast fertig, denn wie wir von P' nach $-P'$ kommen, haben wir in i) schon gesehen. Wir schließen also

$$P_1 + P_2 = P_3 = (x_3, y_3) \text{ mit } P_3 = -P', \text{ also}$$

$$x_3 = \lambda^2 + a_1\lambda - a_2 - x_1 - x_2$$

$$y_3 = -(\lambda + a_1)x_3 - \nu - a_3,$$

wobei λ und ν den oben berechneten Formeln genügen.

Jetzt müssen wir noch den Fall $P_1 = P_2$ behandeln. Es sei $L = L(\lambda', \mu', \nu')$ die Tangente an E in $P_1 = [x_1 : y_1 : 1]$. Dann ist

$$\lambda' = \frac{\partial g}{\partial X}(x_1, y_1, 1) = a_1 y_1 - 3x_1^2 - 2a_2 x_1 - a_4,$$

$$\mu' = \frac{\partial g}{\partial Y}(x_1, y_1, 1) = 2y_1 + a_1 x_1 + a_3 \text{ und}$$

$$\nu' = \frac{\partial g}{\partial Z}(x_1, y_1, 1) = y_1^2 + a_1 x_1 y_1 + 2a_3 y_1 - a_2 x_1^2 - 2a_4 x_1 - 3a_6.$$

Hier muß ebenfalls $\mu' \neq 0$ sein, sonst läge der Punkt $O = [0 : 1 : 0]$ auf L. Dann wäre definitionsgemäß $P_1 + P_1 = O$, also $P_1 = -P_1$, und diesen Fall haben wir hier gerade ausgeschlossen. Also genügt $P_1 = (x_1, y_1)$ der Gleichung

$$y_1 = \lambda x_1 + \nu \quad \text{mit}$$

$$\lambda = -\frac{\lambda'}{\mu} = \frac{3x_1^2 + 2a_2 x_1 + a_4 - a_1 y_1}{2y_1 + a_1 x_1 + a_3} \quad \text{und}$$

$$\nu = -\frac{\nu'}{\mu'} = \frac{-y_1^2 - a_1 x_1 y_1 - 2a_3 y_1 + a_2 x_1^2 + 2a_4 x_1 + 3a_6}{2y_1 + a_1 x_1 + a_3}$$

$$= \frac{-x_1^3 + a_4 x_1 + 2a_6 - a_3 y_1}{2y_1 + a_1 x_1 + a_3},$$

wenn wir noch $f(x_1, y_1) = 0$ benutzen.

Wir setzen auch hier die Gleichung $y = \lambda x + \nu$ in die affine Weierstraßgleichung $f(x, y) = 0$ ein und schließen, daß jeder Punkt $P = (x, y)$ im affinen Raum, der auf E und L liegt, der Gleichung

$$(\lambda x + \nu)^2 + a_1 x(\lambda x + \nu) + a_3(\lambda x + \nu) - x^3 - a_2 x^2 - a_4 x - a_6 = 0$$

genügt.

Eine Lösung, nämlich x_1, kennen wir bereits. Über $\overline{F}$ können wir die linke Seite wieder schreiben als

$$c(x - x_1)(x - x_2')(x - x_3')$$

für ein $c \in F$ und gewisse $x_2', x_3' \in \overline{F}$.

Wir multiplizieren dies aus und vergleichen die Koeffizienten vor x^3 und x^2. Daher ist

$$c = -1 \quad \text{und} \quad \lambda^2 + a_1 \lambda - a_2 = x_1 + x_2' + x_3'.$$

Da L die Tangente in P_1 an $E(F)$ ist, ist die Vielfachheit von P_1 in $E(F) \cap L$ größer oder gleich 2. Dasselbe Argument wie im Beweis von 2.3.8, 3. Fall, zeigt wieder, daß diese Vielfachheit gleich der Ordnung der Nullstelle x_1 in $-(x - x_1)(x - x_2')(x - x_3')$ ist. Diese kann nur dann ≥ 2 sein, wenn $x_1 = x_2'$ oder $x_1 = x_3'$ ist. Nach eventueller Umnumerierung können wir daher annehmen, daß $x_1 = x_2'$ ist. Dann folgt

$$x_3' = \lambda^2 + a_1\lambda - a_2 - 2x_1,$$

so daß x_3' ebenfalls in F liegt. Die Gerade L schneidet $E(F)$ also noch im Punkt $P_3' = (x_3', y_3')$ mit

$$y_3' = \lambda x_3' + \nu.$$

Falls $P_3' \neq P_1$ ist, so muß $-(P_1 + P_2) = P_3'$ sein. Falls $P_3' = P_1$ ist, so hat das Polynom $-(x - x_1)(x - x_2')(x - x_3')$ eine Nullstelle dritter Ordnung in x_1, der Punkt P_1 hat also die Vielfachheit 3. Auch hier ist also $P_3' = P_1$ der gesuchte dritte Schnittpunkt, d.h. $-(P_1 + P_2) = P_3'$.

Nun wenden wir wieder i) an und erhalten $P_1 + P_2 = P_3 = (x_3, y_3)$ mit $x_3 = \lambda^2 + a_1\lambda - a_2 - 2x_1$ und $y_3 = -(\lambda + a_1)x_3 - \nu - a_3$, wobei λ und ν den obigen Formeln genügen. $\qquad\square$

Wenn die Charakteristik unsere Grundkörpers nicht 2 oder 3 ist, so können wir nach 2.3.2 annehmen, daß die Weierstraßgleichung für $E(F)$ die einfache Form

$$Y^2Z = X^3 + a_4XZ^2 + a_6Z^3$$

hat. Hier ist also $E(F) \cap \mathbb{A}^2(F) = C_f(F)$ für

$$f(x, y) = y^2 - x^3 - a_4x - a_6.$$

In diesem Fall vereinfachen sich unsere Formeln für die Inversion und die Addition auf $E(F)$ folgendermassen:

Satz 2.3.14 *In der obigen Situation gilt:*

i) Für $P_1 = (x_1, y_1) \in C_f(F)$ ist $-P_1 = (x_1, -y_1)$.

ii) Für $P_1 = (x_1, y_1)$ und $P_2 = (x_2, y_2)$ aus $C_f(F)$ mit $P_1 \neq -P_2$ ist $P_1 + P_2 = P_3 = (x_3, y_3)$, wobei

$$x_3 = \lambda^2 - x_1 - x_2 \text{ und } y_3 = \lambda(x_1 - x_3) - y_1 \text{ ist mit}$$

$$\lambda = \begin{cases} \frac{y_2 - y_1}{x_2 - x_1}, & \text{falls } P_1 \neq P_2 \\ \frac{3x_1^2 + a_4}{2y_1}, & \text{falls } P_1 = P_2. \end{cases}$$

Beweis: Wenn wir 2.3.13 anwenden und verwenden, dass a_1, a_2 und a_3 Null sind, so folgt i) sofort. Ebenso finden wir, falls $P_1 \neq -P_2$ ist, daß $x_3 = \lambda^2 - x_1 - x_2$ und $y_3 = -\lambda x_3 - \nu$ ist, wobei λ genau wie in der Behauptung definiert ist. Im Beweis von 2.3.13 haben wir gesehen, dass $y_1 = \lambda x_1 + \nu$, also $\nu = y_1 - \lambda x_1$ ist. (Dies lässt sich auch direkt durch Einsetzen der Formeln für λ und ν verifizieren.) Also ist in der Tat $y_3 = -\lambda x_3 + \lambda x_1 - y_1 = \lambda(x_1 - x_3) - y_1$, und damit ist ii) bewiesen.

□

3. Elliptische Kurven über endlichen Körpern

Im ersten Abschnitt dieses Kapitels stellen wir die Frobeniusabbildung für elliptische Kurven über endlichen Körpern vor. Im zweiten und dritten Abschnitt gehen wir kurz auf verschiedene Verfahren ein, um die Gruppenordnung von $E(\mathbb{F}_q)$ zu bestimmen. Der vierte Abschnitt behandelt die sogenannten supersingulären elliptischen Kurven. Dies ist für kryptographische Zwecke relevant, da Kurven mit bestimmter Gruppenordnung und supersinguläre Kurven keine kryptographische Sicherheit bieten, wie wir in Kapitel 4 sehen werden.

In diesem Kapitel bezeichnen wir mit F immer einen endlichen Körper, d.h. es ist $F = \mathbb{F}_q$ für eine Primzahlpotenz $q = p^r$. Die Charakteristik von F ist also gleich p. Mit $\overline{F}$ bezeichnen wir den algebraischen Abschluß von F (siehe 6.7).

Wie schon in Abschnitt 2.1 können wir zu einer Weierstraßgleichung mit Koeffizienten in F nicht nur die elliptische Kurve $E(F)$ betrachten, sondern für jeden Erweiterungskörper L von F auch die elliptische Kurve $E(L)$ über L. Hier fassen wir die Weierstraßgleichung einfach als eine Gleichung über L auf und betrachten Lösungen in L. Natürlich gilt

$$E(F) \subset E(L).$$

Insbesondere erhalten wir eine elliptische Kurve $E(\overline{F})$ über dem algebraischen Abschluß $\overline{F}$ von F.

3.1 Der Frobenius

Lemma 3.1.1 *Es sei $E(F)$ eine elliptische Kurve über dem endlichen Körper $F = \mathbb{F}_q$. Dann vermittelt die Abbildung*

$$\phi: \quad \mathbb{P}^2(\overline{F}) \longrightarrow \mathbb{P}^2(\overline{F})$$
$$[x:y:z] \longmapsto [x^q:y^q:z^q]$$

einen Homomorphismus von Gruppen

$$\phi: E(\overline{F}) \to E(\overline{F}).$$

Dieser wird Frobeniusendomorphismus (oder kurz Frobenius) genannt.

Beweis: Zunächst ist klar, daß ϕ wirklich eine Abbildung von $\mathbb{P}^2(\overline{F})$ nach $\mathbb{P}^2(\overline{F})$ ist, denn zum einen können x^q, y^q und z^q nur dann gleichzeitig verschwinden, wenn dies schon für x, y und z gilt, und zum anderen erhält die Abbildung ϕ die Äquivalenzrelation, mit der $\mathbb{P}^2(\overline{F})$ definiert ist. Die elliptische Kurve $E(F)$ sei durch das Weierstraßpolynom

$$g(X,Y,Z) = Y^2Z + a_1XYZ + a_3YZ^2 - X^3 - a_2X^2Z - a_4XZ^2 - a_6Z^3$$

mit Koeffizienten a_1, a_2, a_3, a_4 und a_6 in F gegeben. Es sei $P = [x : y : z]$ ein Punkt in $E(\overline{F})$, d.h. x, y und z sind Elemente aus $\overline{F}$, so daß $g(x,y,z) = 0$ ist. Also ist auch

$$g(x,y,z)^q = 0.$$

Wenn wir nun mehrmals hintereinander ausnutzen, daß für alle c und d in $\overline{F}$ die Gleichung

$$(c+d)^q = c^q + d^q$$

gilt (siehe 6.6.2), so folgt:

$$(y^q)^2z^q + a_1^qx^qy^qz^q + a_3^qy^q(z^q)^2 - (x^q)^3 - a_2^q(x^q)^2z^q$$
$$-a_4^qx^q(z^q)^2 - a_6^q(z^q)^3 = 0.$$

Da die a_i in F enthalten sind, gilt $a_i^q = a_i$, so daß

$$g(x^q, y^q, z^q) = 0$$

folgt. Also ist $\phi(P)$ wirklich wieder ein Punkt in $E(\overline{F})$.

Es bleibt zu zeigen, daß die so definierte Abbildung $\phi: E(\overline{F}) \to E(\overline{F})$ mit der Gruppenoperation verträglich ist. Nun ist $\phi([0:1:0]) = [0:1:0]$, also $\phi(O) = O$. Für alle $P \in E(\overline{F})$ gilt also

$$\phi(P + O) = \phi(P) = \phi(P) + O = \phi(P) + \phi(O).$$

Wenn P_1 und P_2 zwei Punkte ungleich O in $E(\overline{F})$ sind, so können wir Satz 2.3.13 anwenden. Ist $P_1 = (x_1, y_1)$ und $P_2 = (x_2, y_2)$ in affinen Koordinaten, so daß $P_1 + P_2 \neq O$ ist, so gilt $P_1 + P_2 = (x_3, y_3)$ mit

$$x_3 = \lambda^2 + a_1\lambda - a_2 - x_1 - x_2 \text{ und } y_3 = -(\lambda + a_1)x_3 - \nu - a_3$$

und gewissen λ, ν in $\overline{F}$.

Daher ist
$$\phi(P_1 + P_2) = (x_3^q, y_3^q)$$
in affinen Koordinaten, wobei

$$x_3^q = (\lambda^q)^2 + a_1\lambda^q - a_2 - x_1^q - x_2^q \text{ und } y_3^q = -(\lambda^q + a_1)x_3^q - \nu^q - a_3$$

ist. Hier haben wir denselben Trick wie oben angewandt: Wir ziehen den Exponenten q in die einzelnen Summanden hinein und lassen ihn dann bei den $a_i \in F$ einfach weg. Auf dieselbe Weise sieht man auch, daß λ^q und ν^q gerade die mit $\phi(P_1) = (x_1^q, y_1^q)$ und $\phi(P_2) = (x_2^q, y_2^q)$ definierten Konstanten λ und ν sind. Also folgt nach 2.3.13:

$$(x_3^q, y_3^q) = \phi(P_1) + \phi(P_2), \text{ und damit}$$

$$\phi(P_1 + P_2) = \phi(P_1) + \phi(P_2).$$

Der Fall $P_1 + P_2 = O$ läßt sich genauso behandeln.   □

3.2 Punkte zählen

Gegeben sei nun eine elliptische Kurve $E(F)$ mit der Weierstraßgleichung

$$Y^2 Z + a_1 XYZ + a_3 YZ^2 = X^3 + a_2 X^2 Z + a_4 XZ^2 + a_6 Z^3.$$

Wie können wir die Anzahl der Lösungen dieser Gleichung, also die Anzahl der Punkte in $E(F)$ bestimmen?

Wir wissen, daß genau ein Punkt aus $E(F)$, nämlich $O = [0 : 1 : 0]$, nicht im affinen Raum $\mathbb{A}^2(F)$ liegt. Also besteht $E(F)$ aus O und den Lösungen der affinen Weierstraßgleichung

$$y^2 + a_1 xy + a_3 y = x^3 + a_2 x^2 + a_4 x + a_6$$

in $\mathbb{A}^2(F)$. Es genügt also, diese zu zählen. Setzen wir ein beliebiges x aus F in diese Gleichung ein (dafür gibt es q Möglichkeiten), so erhalten wir eine quadratische Gleichung für y. Zu festem x gibt es also höchstens zwei Werte $y \in F$, so daß (x, y) eine Lösung ist. Daher erhalten wir die folgende obere Schranke für die Anzahl der Punkte in $E(F)$:

$$\#E(F) \le 2q + 1.$$

Wir nehmen für den Moment einmal an, daß die Charakteristik von $F = \mathbb{F}_q$ nicht 2 ist. Dann können wir nach 2.3.2 ebenfalls annehmen, daß $a_1 = a_3 = 0$ ist. Unsere affine Weierstraßgleichung sieht also so aus:

$$y^2 = x^3 + a_2 x^2 + a_4 x + a_6 =: h(x).$$

Falls $h(x) = 0$ ist, so ist $y = 0$ die einzige Lösung. Falls $h(x) \ne 0$ und ein Quadrat in $\mathbb{F}_q$ ist, so finden wir zwei Lösungen (x, y) und $(x, -y)$ dieser Gleichung, und falls $h(x)$ kein Quadrat in $\mathbb{F}_q$ ist, so hat $y^2 = h(x)$ gar keine Lösung. Es liegt daher nahe, folgende Funktion zu betrachten:

$$\chi : \mathbb{F}_q^\times \to \{-1, 1\},$$

wobei $\chi(x) = 1$, falls x ein Quadrat in $\mathbb{F}_q$ ist (d.h. $x = z^2$ für ein $z \in \mathbb{F}_q$) und $\chi(x) = -1$, falls x kein Quadrat in $\mathbb{F}_q$ ist.

Man kann leicht nachrechnen, daß sich χ auch folgendermaßen beschreiben läßt: Für einen beliebigen Erzeuger ζ der zyklischen Gruppe $\mathbb{F}_q^\times$ ist

$$\chi(\zeta^k) = 1 \text{ , falls } k \text{ gerade, und}$$
$$\chi(\zeta^k) = -1 \text{ , falls } k \text{ ungerade ist.}$$

Mit dieser Beschreibung sieht man auch, daß χ ein Gruppenhomomorphismus ist, d.h.

$$\chi(x_1 x_2) = \chi(x_1)\chi(x_2)$$

gilt. Diese Abbildung χ heißt quadratischer Charakter und wird offenbar durch das Legendresymbol (siehe 6.3) gegeben, falls $q = p$ ist. Nach unserer Beschreibung des quadratischen Charakters sind die Hälfte der Elemente in $\mathbb{F}_q^\times$ Quadrate. Wir können χ zu einer Abbildung

$$\chi : \mathbb{F}_q \to \{-1, 0, 1\}$$

ergänzen, indem wir $\chi(0) = 0$ setzen. Dann hat für jedes $x \in \mathbb{F}_q$ die Gleichung $y^2 = h(x)$ genau $(\chi(h(x)) + 1)$-viele Lösungen y in $\mathbb{F}_q$. Wir können also alle Lösungen der affinen Weierstraßgleichung durch

$$\sum_{x \in \mathbb{F}_q} (\chi(h(x)) + 1)$$

zählen. Daher folgt, wenn wir noch den Punkt O berücksichtigen,

$$\#E(\mathbb{F}_q) = 1 + \sum_{x \in \mathbb{F}_q} (\chi(h(x)) + 1) = 1 + q + \sum_{x \in \mathbb{F}_q} \chi(h(x)).$$

In manchen Fällen kann man damit $\#E(\mathbb{F}_q)$ berechnen:

Beispiel:

1) Es sei $E(\mathbb{F}_{31})$ gegeben durch die affine Weierstraßgleichung

$$y^2 = x^3 - x \text{ über } \mathbb{F}_{31}.$$

In $\mathbb{F}_{31}$ ist -1 kein Quadrat. (Das folgt z.B. aus dem quadratischen Reziprozitätsgesetz (siehe 6.3.5), da $31 \equiv 3 \bmod 4$ ist). Also ist $\chi(-1) = -1$, woraus für alle x in $\mathbb{F}_{31}$ mit $x^3 - x \neq 0$

$$\chi((-x)^3 - (-x)) = \chi(-(x^3 - x)) = \chi(-1)\chi(x^3 - x) = -\chi(x^3 - x)$$

folgt.

Die Gleichung $x^3 - x = 0$ ist nur für $x = 0, x = 1$ und $x = -1$ erfüllt, und in diesen Fällen ist natürlich $\chi(x^3 - x) = 0$. Für jedes $x \neq 0, 1, -1$ aus $\mathbb{F}_{31}$ gilt also: entweder $x^3 - x$ ist ein Quadrat in $\mathbb{F}_{31}$ oder $(-x)^3 - (-x)$ ist ein Quadrat in $\mathbb{F}_{31}$. Auf jeden Fall ist

$$\chi(x^3 - x) + \chi((-x)^3 - (-x)) = 0.$$

Also folgt:

$$\#E(\mathbb{F}_{31}) = 1 + 31 + \sum_{\substack{x \in \mathbb{F}_{31}^\times \\ x \neq \pm 1}} \chi(x^3 - x) = 32,$$

da sich die Beiträge für $x \in \mathbb{F}_{31}^\times$ paarweise wegheben.

2) Dieses Beispiel kann man noch etwas verallgemeinern: Mit demselben Argument kann man zeigen, daß für alle Primzahlen $p \equiv 3 \bmod 4$ die elliptische Kurve $E(\mathbb{F}_p)$, gegeben durch

$$y^2 = x^3 + ax$$

für ein beliebiges $a \neq 0$ in $\mathbb{F}_p$, gerade $(p+1)$-viele Punkte hat. Auch hier ist nämlich -1 kein Quadrat in $\mathbb{F}_p$.

Für eine beliebige elliptische Kurve $E(\mathbb{F}_q)$ wird die Summe

$$\sum_{x \in \mathbb{F}_q} \chi(h(x))$$

im allgemeinen ungleich Null sein. Allerdings scheint es plausibel, daß die von Null verschiedenen Werte $h(x)$ einigermaßen gleichmäßig in $\mathbb{F}_q^\times$ verteilt sind, so daß in etwa die Hälfte von ihnen ein Quadrat, die andere Hälfte hingegen kein Quadrat ist. Dann wäre der Term $\sum_{x \in \mathbb{F}_q} \chi(h(x))$ zumindest nicht allzu groß, da die Summanden ungleich 0 in etwa zur Hälfte gleich 1 und zur Hälfte gleich -1 sind. In der Tat gibt es eine Abschätzung für den Term

$$\sum_{x \in \mathbb{F}_q} \chi(h(x)) = \#E(\mathbb{F}_q) - q - 1$$

durch den sogenannten Satz von Hasse, die besser ist als unsere Schranke

$$\#E(\mathbb{F}_q) - q - 1 \leq q.$$

Sie gilt ganz allgemein, d.h. wir lassen ab sofort unsere Voraussetzung $a_1 = a_3 = 0$ wieder fallen.

Satz 3.2.1 *(Hasse) Es sei $E(F)$ eine beliebige elliptische Kurve über dem endlichen Körper $F = \mathbb{F}_q$. Dann gilt*

$$|\#E(F) - q - 1| \leq 2\sqrt{q}.$$

Beweis: Hier wird mehr Theorie über elliptische Kurven benötigt, als wir bisher entwickelt haben. Daher verweisen wir auf [Si], Theorem 1.1, S. 131.   □

Man kann die Anzahl der Punkte auf einer elliptischen Kurve $E(F)$ über dem endlichen Körper F mit q Elementen also folgendermaßen abschätzen:

$$-2\sqrt{q} + q + 1 \leq \#E(F) \leq 2\sqrt{q} + q + 1.$$

Wir wollen nun kurz erklären, wieso die Zahl $q + 1 - \#E(F)$ auch oft "Spur des Frobenius" genannt wird.

Für jede Primzahl $l \neq p = \operatorname{char}(F)$ und alle $n \geq 1$ sei

$$E[l^n] = \{P \in E(\overline{F}) : l^n P = 0\}.$$

Man überlegt sich leicht, daß $E[l^n]$ eine Untergruppe von $E(\overline{F})$ ist. Außerdem kennt man ihre Gruppenstruktur, es gilt nämlich

$$E[l^n] \simeq \mathbb{Z}/l^n\mathbb{Z} \times \mathbb{Z}/l^n\mathbb{Z}$$

als endliche abelsche Gruppe (siehe [Si], Korollar 6.4, S. 89).

Betrachtet man für festes l alle $E[l^n]$ gleichzeitig, so erhält man den Tatemodul $T_l(E)$ der elliptischen Kurve $E(\overline{F})$. Dieser ist definiert als Menge aller Ketten von Punkten $P_n \in E[l^n]$, die sukzessive mit der l-Multiplikation auf $E(\overline{F})$ ineinander überführt werden:

$$T_l(E) = \{(P_n)_{n \geq 1} : P_n \in E[l^n] \text{ und } lP_{n+1} = P_n \text{ für alle } n \geq 1\}.$$

Genauer gesagt ist $T_l(E)$ der inverse Limes der Gruppen $E[l^n]$. Das schreibt man auch als

$$T_l(E) = \varprojlim E[l^n].$$

Wir können die Elemente von $T_l(E)$ komponentenweise addieren. Auf ähnliche Weise betrachtet man alle Gruppen $\mathbb{Z}/l^n\mathbb{Z}$ gleichzeitig und definiert den Ring

$$\mathbb{Z}_l = \{(x_n)_{n \geq 1} : x_n \in \mathbb{Z}/l^n\mathbb{Z} \text{ und } x_{n+1} \equiv x_n \bmod l^n \text{ für alle } n \geq 1\}$$

(siehe 6.9).

Der Tatemodul $T_l(E)$ ist nun ein freier $\mathbb{Z}_l$-Modul vom Rang 2, d.h. es gibt eine Basis $x, y \in T_l(E)$, so daß

$$T_l(E) = \mathbb{Z}_l x \oplus \mathbb{Z}_l y.$$

Der Frobeniusendomorphismus $\phi : E(\overline{F}) \to E(\overline{F})$ induziert eine $\mathbb{Z}_l$-lineare Abbildung

$$\phi_l : T_l(E) \to T_l(E),$$

gegeben durch

$$\phi_l(P_n)_{n \geq 1} = (\phi(P_n))_{n \geq 1}.$$

Das ist wohldefiniert, da ϕ als Gruppenhomomorphismus $E[l^n]$ wieder nach $E[l^n]$ abbildet, denn aus $l^n P = O$ folgt $O = \phi(l^n P) = l^n \phi(P)$. Aus $\phi(lP) = l\phi(P)$ folgt außerdem, daß $(\phi(P_n))_{n \geq 1}$ wieder in $T_l(E)$ liegt.

Wenn wir nun wie oben eine Basis x, y des $\mathbb{Z}_l$-Moduls $T_l(E)$ wählen, so läßt sich die lineare Abbildung ϕ_l darstellen durch eine 2×2-Matrix

$$A = \begin{pmatrix} a_{11} & a_{12} \\ a_{21} & a_{22} \end{pmatrix}$$

mit Einträgen in $\mathbb{Z}_l$, d.h. es ist

$$\phi_l(x) = a_{11}x + a_{21}y \text{ und } \phi_l(y) = a_{12}x + a_{22}y.$$

Wir definieren nun tr ϕ_l (die Spur ("trace") des Frobenius) als die Spur der Matrix A, also

$$\text{tr } \phi_l = \text{ tr } A = a_{11} + a_{22}$$

und det ϕ_l (die Determinante des Frobenius) als die Determinante der Matrix A, also

$$\det \phi_l = \det A = a_{11}a_{22} - a_{12}a_{21}.$$

Nun gilt für jede (2×2)-Matrix A:

$$A^2 - (\text{tr } A) \cdot A + \det A \cdot E = 0,$$

wobei $E = \begin{pmatrix} 1 & 0 \\ 0 & 1 \end{pmatrix}$ die Einheitsmatrix ist. (Das folgt aus der Tatsache, daß A Nullstelle ihres charakteristischen Polynoms ist, läßt sich aber auch leicht direkt nachrechnen.)

Also folgt für die Abbildung ϕ_l auf $T_l(E)$:

$$\phi_l^2 - (\text{tr } \phi_l) \cdot \phi_l + (\det \phi_l) \cdot id = 0.$$

Man kann nun die Spur und die Determinante des Frobenius folgendermaßen berechnen:

Proposition 3.2.2 *Es ist* $\det \phi_l = q$ *und* $\operatorname{tr} \phi_l = q + 1 - \#E(F)$.

Beweis: Dies geht über unsere Mittel hinaus. Wir verweisen daher auf [Si], Kapitel V, §2. $\qquad \square$

Es gilt also

$$\phi_l^2 - (1 + q - \#E(F)) \cdot \phi_l + q \cdot id = 0.$$

Man kann nun zeigen, daß der Übergang von einem Homomorphismus der elliptischen Kurve zu einer linearen Abbildung des Tatemoduls injektiv ist. Daraus folgt, daß dieselbe Gleichung auch schon für den Frobeniusendomorphismus ϕ von $E(\overline{F})$ gilt:

$$\phi^2 - (1 + q - \#E(F)) \cdot \phi + q \cdot id = 0;$$

d.h. für jedes $P \in E(\overline{F})$ ist

$$\phi^2(P) - (1 + q - \#E(F))\phi(P) + qP = O.$$

Ein effektiver Algorithmus zur Bestimmung von $\#E(F)$ ist der sogenannte Schoof-Algorithmus, dessen Grundidee wir im folgenden Abschnitt kurz vorstellen wollen.

3.3 Der Schoof-Algorithmus

Wir nehmen an, daß $\operatorname{char}(F) > 2$ ist und daß $E(F)$ durch die affine Weierstraßgleichung

$$y^2 = x^3 + a_4 x + a_6$$

gegeben ist. (Falls außerdem $\operatorname{char}(F) \neq 3$ ist, findet man nach 2.3.2 immer eine Weierstraßgleichung dieser Gestalt.)

Die Spur des Frobenius $t = q + 1 - \#E(F)$ wird hier nicht als Ganzes, sondern modulo der ersten Primzahlen $l = 2, 3, 5, 7, \ldots$ bestimmt. Wieviele dieser Informationen $t \bmod l$ braucht man, um t und damit $\#E(F)$ zu berechnen?

Es seien $l_1 = 2, l_2 = 3, l_3 = 5, \ldots, l_r$ die ersten r Primzahlen. Nach dem Chinesischen Restsatz (siehe 6.2.1) vermittelt die Restklassenabbildung

$$\mathbb{Z} \to \mathbb{Z}/l_1\mathbb{Z} \times \ldots \times \mathbb{Z}/l_r\mathbb{Z}$$

eine Bijektion $\mathbb{Z}/(l_1 \cdot \ldots \cdot l_r)\mathbb{Z} \xrightarrow{\sim} \mathbb{Z}/l_1\mathbb{Z} \times \ldots \times \mathbb{Z}/l_r\mathbb{Z}$. Falls

$$-\frac{l_1 \cdot \ldots \cdot l_r}{2} < t < \frac{l_1 \cdot \ldots \cdot l_r}{2},$$

so ist t durch seine Restklasse in $\mathbb{Z}/(l_1 \cdot \ldots \cdot l_r)\mathbb{Z}$, und damit auch durch die r Restklassen

$$(t \bmod l_1, t \bmod l_2, \ldots, t \bmod l_r)$$

eindeutig bestimmt.

Nach dem Satz von Hasse ist $-2\sqrt{q} \le t \le 2\sqrt{q}$, es genügt also, r so zu wählen, daß

$$l_1 \cdot \ldots \cdot l_r > 4\sqrt{q}$$

ist.

Wir bestimmen zunächst $t \bmod 2$. Offenbar ist $t \equiv \#E(F) \bmod 2$, so daß wir nur testen müssen, ob $\#E(F)$ gerade oder ungerade ist. Für festes $x \in F$ mit $x^3 + a_4 x + a_6 \ne 0$ hat die Gleichung $y^2 = x^3 + a_4 x + a_6$ keine oder zwei Lösungen y. Also ist die Anzahl aller Lösungen (x, y) mit $y \ne 0$ gerade. Diese Punkte im affinen Raum können wir somit vernachlässigen. Es bleiben O und die affinen Punkte $(x, 0)$ übrig. Falls die Gleichung $x^3 + a_4 x + a_6 = 0$ eine Lösung $x_0 \in F$ hat, so können wir die linke Seite über dem algebraischen Abschluß $\overline{F}$ faktorisieren als

$$x^3 + a_4 x + a_6 = (x - x_0)(x - x_1)(x - x_2)$$

mit x_1 und x_2 aus $\overline{F}$. Wie im Beweis von 2.3.3 kann man aus der Nicht-singularität von $E(F)$ schließen, daß die Nullstellen x_0, x_1 und x_2 paarweise verschieden sind.

Da $x_0 + x_1 + x_2 = 0$ ist (als Koeffizient vor x^2), sind x_1 und x_2 entweder beide in F oder beide nicht in F. Im ersten Fall gibt es drei Punkte der Form $(x, 0)$ in $E(F)$, im zweiten Fall nur einen. Jedenfalls ist die Anzahl dieser Punkte ungerade. Wenn wir den Nullpunkt O noch berücksichtigen, so gilt demnach $\#E(F) \equiv 1 \bmod 2$ (und damit $t \equiv 1 \bmod 2$) genau dann, wenn $x^3 + a_4 x + a_6$ keine Lösung in F hat, das Polynom $X^3 + a_4 X + a_6$ also nicht von einem Faktor der Form $(X - b)$ für $b \in F$ geteilt wird. Da $X^q - X = \prod_{b \in F}(X - b)$ ist, ist dies genau dann der Fall, wenn im Polynomring $F[X]$

$$ggT(X^3 + a_4 X + a_6, X^q - X) = 1$$

gilt, und das läßt sich effektiv testen.

Für $l \geq 3$ ist die Bestimmung von $t \bmod l$ schwieriger. Wir können hier nur sehr kurz die grundlegende Idee skizzieren, genauere Informationen findet man in [Sch1] und [Sch3].

In 3.2 haben wir gesehen, daß der Frobenius $\phi : E(\overline{F}) \to E(\overline{F})$ der Gleichung

$$\phi^2(P) - t\phi(P) + qP = O \text{ für alle } P \in E(\overline{F})$$

genügt.

Gesucht ist nun eine Zahl $\tau \in \{0, \ldots, l-1\}$ so daß die Gleichung

$$\phi^2(P) - \tau\phi(P) + qP = O$$

für jeden Punkt P aus der endlichen Untergruppe

$$E[l] = \{P \in E(\overline{F}) : lP = O\}$$

gilt. Falls wir ein solches τ finden, so muß nämlich für jedes $P \neq O$ in $E[l]$

$$(t - \tau)\phi(P) = O$$

sein. Nun ist $\phi(P)$ ebenfalls ein Punkt $\neq O$ in $E[l]$, d.h. $\phi(P)$ hat die Ordnung l in der Gruppe $E(\overline{F})$. Daher muß l ein Teiler von $t - \tau$ sein, so daß

$$t \equiv \tau \bmod l$$

ist. Wir haben also unsere Restklasse $t \bmod l$ gefunden!

Wie findet man aber solch eine Zahl τ? Kurz gesagt, kann man die Aussage

$$\text{``}\phi^2(P) - \tau\phi(P) + qP = O \text{ für alle } P \in E[l]\text{''}$$

in eine Polynomgleichung übersetzen, indem man die Polynome benutzt, die in den expliziten Formeln 2.3.13 vorkommen, und die sogenannten Divisionspolynome, mit denen man testen kann, ob ein Punkt in $E[l]$ liegt.

Für $\tau = 0, 1, 2, \ldots, l-1$ probiert man nun der Reihe nach, ob diese Polynomgleichung erfüllt ist. Sobald dies der Fall ist, hat man das richtige τ gefunden.

3.4 Supersinguläre elliptische Kurven

Definiton 3.4.1 *Die elliptische Kurve $E(F)$ heißt supersingulär, falls $p = char(F)$ die Spur des Frobenius* tr $\phi_l = q + 1 - \#E(F)$ *teilt.*

Hier muß man aufpassen, daß man supersingulär nicht mit singulär verwechselt! Elliptische Kurven sind definitionsgemäß immer nichtsingulär (und zwar für beliebige Grundkörper). Eine elliptische Kurve über einem endlichen Körper kann zusätzlich supersingulär sein oder nicht.

Ein einfaches Beispiel für eine supersinguläre Kurve ist die elliptische Kurve $E(\mathbb{F}_2)$ über $\mathbb{F}_2$, die durch die affine Weierstraßgleichung

$$y^2 + y = x^3 + x + 1$$

gegeben wird.

Man kann leicht nachrechnen, daß diese affine Gleichung keine Lösungen über $\mathbb{F}_2$ besitzt. Also ist $E(\mathbb{F}_2) = \{O\}$, so daß die Zahl $q + 1 - \#E(\mathbb{F}_2) = 2$ in der Tat durch 2 teilbar ist.

Das folgende Lemma besagt, daß Supersingularität bei Übergang zu einem Erweiterungskörper erhalten bleibt.

Lemma 3.4.2 *Es sei $E(\mathbb{F}_q)$ eine elliptische Kurve über $\mathbb{F}_q$. Falls $E(\mathbb{F}_q)$ supersingulär ist, so auch $E(\mathbb{F}_{q^k})$ für alle $k \geq 1$.*

Beweis: Wir zeigen die Behauptung mit Induktion nach k. Wir nehmen also an, die Kurven

$$E(\mathbb{F}_q), E(\mathbb{F}_{q^2}), \ldots, E(\mathbb{F}_{q^k})$$

sind supersingulär.

Wie am Ende von Abschnitt 3.2 betrachten wir für eine fest gewählte Primzahl $l \neq p = \mathrm{char}(\mathbb{F}_q)$ die lineare Abbildung $\phi_l : T_l(E) \to T_l(E)$, die durch den Frobenius auf dem Tatemodul induziert wird. Diese wiederum induziert eine lineare Abbildung $\phi_l : V_l \to V_l$, wobei V_l der zweidimensionale $\mathbb{Q}_l$-Vektorraum ist, der durch Basiswechsel aus $T_l(E)$ entsteht, d.h. $V_l = \mathbb{Q}_l x \oplus \mathbb{Q}_l y$, falls $T_l(E) = \mathbb{Z}_l x \oplus \mathbb{Z}_l y$ ist. Das charakteristische Polynom von ϕ_l auf V_l ist

$$X^2 - (\text{tr } \phi_l)X + \det \phi_l,$$

also nach 3.2.2

$$X^2 - (q + 1 - \#E(\mathbb{F}_q))X + q.$$

Über einem geeigneten Erweiterungskörper zerfällt es in Linearfaktoren, d.h. es gilt

$$X^2 - (q + 1 - \#E(\mathbb{F}_q))X + q = (X - a)(X - b),$$

wobei a und b die Eigenwerte von ϕ_l sind. Wenn wir einen Eigenvektor zu a zu einer Basis ergänzen, so hat ϕ_l bezüglich dieser Basis die Koordinatenmatrix

$$A = \begin{pmatrix} a & c \\ 0 & b \end{pmatrix}$$

mit einem Koeffizienten c, der uns nicht weiter interessiert. Offenbar ist die Spur des Frobenius $\text{Tr}(\phi_l) = a + b$.

Wir bezeichnen nun für $m \geq 1$ mit

$$\phi(\mathbb{F}_{q^m}) : E(\overline{\mathbb{F}}_{q^m}) \to E(\overline{\mathbb{F}}_{q^m})$$

den Frobenius, der zum Grundkörper $\mathbb{F}_{q^m}$ gehört. (Dieser wird also von der Abbildung $x \mapsto x^{q^m}$ induziert.) Mit dieser Terminologie ist $\phi = \phi(\mathbb{F}_q)$. Es gilt definitionsgemäß

$$\phi(\mathbb{F}_{q^m}) = \phi(\mathbb{F}_q)^m = \phi^m,$$

wobei ϕ^m die m-fache Hintereinanderausführung von ϕ bezeichnet. Also folgt auch

$$\phi_l(\mathbb{F}_{q^m}) = \phi_l^m.$$

Daher ist A^m die Koordinatenmatrix zu $\phi_l(\mathbb{F}_{q^m})$, woraus sofort

$$\text{Tr } \phi_l(\mathbb{F}_{q^m}) = a^m + b^m$$

folgt. Unsere Induktionsvoraussetzung besagt also, daß p die Spuren des Frobenius $a + b, a^2 + b^2, \ldots, a^k + b^k$ teilt. Wir müssen zeigen, daß auch $a^{k+1} + b^{k+1}$ ein Vielfaches von p ist, denn dann ist $E(\mathbb{F}_{q^{k+1}})$ supersingulär.

Dazu berechnen wir

$$(a + b)^{k+1} = \sum_{l=0}^{k+1} \binom{k + 1}{l} a^l b^{k+1-l}$$

$$= a^{k+1} + b^{k+1} + \sum_{l=1}^{k} \binom{k+1}{l} a^l b^{k+1-l}$$

Nun fassen wir jeweils die äußeren Terme in der Summe zusammen und erhalten

$$\sum_{l=1}^{k} \binom{k+1}{l} a^l b^{k+1-l}$$

$$= \binom{k+1}{1} ab \, (b^{k-1} + a^{k-1}) + \binom{k+1}{2} a^2 b^2 (b^{k-3} + a^{k-3})$$

$$+ \ldots + \begin{cases} \binom{k+1}{\frac{k+1}{2}} a^{\frac{k+1}{2}} b^{\frac{k+1}{2}} & \text{, falls } k+1 \text{ gerade} \\ \binom{k+1}{\frac{k}{2}} a^{\frac{k}{2}} b^{\frac{k}{2}} (b+a) & \text{, falls } k+1 \text{ ungerade.} \end{cases}$$

Wenn wir noch beachten, daß nach 3.2.2

$$ab = \det A = q$$

ist, so ist jeder Term in dieser Summe ein ganzzahliges Vielfaches von p. Dasselbe gilt für $(a + b)^{k+1}$, so daß auch $a^{k+1} + b^{k+1}$ ein Vielfaches von p sein muß.   □

Für $p \geq 3$ können wir folgendes Kriterium für Supersingularität zeigen:

Proposition 3.4.3 *Es sei $p \geq 3$ und $E(\mathbb{F}_p)$ eine elliptische Kurve über $\mathbb{F}_p$, die durch eine Weierstraßgleichung der Form*

$$y^2 = x^3 + a_2 x^2 + a_4 x + a_6 = h(x)$$

gegeben ist. Dann ist $E(\mathbb{F}_p)$ supersingulär genau dann, wenn der Koeffizient von x^{p-1} in dem Polynom $h(x)^{\frac{p-1}{2}}$ (über $\mathbb{F}_p$) gleich Null ist.

Beweis: Wir haben in 3.2 schon gesehen, daß

$$\#E(\mathbb{F}_p) - 1 - p = \sum_{x \in \mathbb{F}_p} \chi(h(x))$$

ist, wobei

$$\chi : \mathbb{F}_p \to \{-1, 0, 1\}$$

die Fortsetzung des quadratischen Charakters $\chi : \mathbb{F}_p^{\times} \to \{-1, 1\}$ ist.

Es sei ζ ein Erzeuger der zyklischen Gruppe $\mathbb{F}_p^\times$. Dann ist $\chi(\zeta^k) = 1$, falls k gerade, und $\chi(\zeta^k) = -1$, falls k ungerade ist. Nun ist $\zeta^{\frac{p-1}{2}} = -1$ in $\mathbb{F}_p$, wie z. B. aus der Gleichung $\zeta^{\frac{p-1}{2}} + 1 = \zeta^{\frac{p-1}{2}} + \zeta^{p-1} = \zeta^{\frac{p-1}{2}}(1 + \zeta^{\frac{p-1}{2}})$ folgt. Also ist

$$\chi(\zeta^k) \equiv \zeta^{\frac{p-1}{2}k} \bmod p.$$

Daher gilt für alle $x \in \mathbb{F}_p^\times$ (und trivialerweise auch für $x = 0$):

$$\chi(x) \equiv x^{\frac{p-1}{2}} \bmod p.$$

Wir wollen nun zunächst zeigen, daß für alle natürlichen Zahlen $j \geq 1$ folgende Gleichung in $\mathbb{F}_p$ gilt:

$$\sum_{x \in \mathbb{F}_p} x^j = \begin{cases} -1, & \text{falls} \quad (p-1) \text{ ein Teiler von } j \text{ ist} \\ 0, & \text{falls} \quad (p-1) \text{ kein Teiler von } j \text{ ist.} \end{cases}$$

Wir können nämlich die Summe auf der linken Seite auch schreiben als

$$\sum_{x \in \mathbb{F}_p} x^j = 0 + \sum_{k=0}^{p-2} (\zeta^k)^j = \sum_{k=0}^{p-2} \zeta^{kj}.$$

Falls nun $(p-1)$ ein Teiler von j ist, so ist $\zeta^j = 1$, also folgt

$$\sum_{k=0}^{p-2} \zeta^{kj} = p - 1 = -1$$

in $\mathbb{F}_p$.

Falls $(p-1)$ kein Teiler von j ist, so ist $\zeta^j \neq 1$. Wir wählen ein $x \in \mathbb{Z}$ mit $x \equiv \zeta^j \bmod p$. Dann ist

$$\sum_{k=0}^{p-2} x^k = \frac{1 - x^{p-1}}{1 - x}$$

nach der geometrischen Summenformel, da $x \neq 1$ ist. Wir betrachten beide Seiten modulo p und erhalten

$$\sum_{k=0}^{p-2} \zeta^{kj} = \frac{1 - \zeta^{j(p-1)}}{1 - \zeta^j} = 0,$$

da $(\zeta^{p-1})^j = 1$ ist.

Definitionsgemäß ist $E(\mathbb{F}_p)$ supersingulär genau dann, wenn

$$\#E(\mathbb{F}_p) - 1 - p = \sum_{x \in \mathbb{F}_p} \chi(h(x)) \equiv 0 \bmod p$$

ist, also genau dann, wenn $\sum\limits_{x \in \mathbb{F}_p} h(x)^{\frac{p-1}{2}} = 0$ in $\mathbb{F}_p$ ist. Nun ist

$$h(x)^{\frac{p-1}{2}} = (x^3 + a_2 x^2 + a_4 x + a_6)^{\frac{p-1}{2}}.$$

Wenn wir das ausmultiplizieren, erhalten wir ein Polynom in x vom Grad $3\frac{p-1}{2}$:

$$h(x)^{\frac{p-1}{2}} = x^{3\frac{p-1}{2}} + b_{3\frac{p-1}{2}-1} x^{3\frac{p-1}{2}-1} + \ldots + b_2 x^2 + b_1 x + b_0$$

mit gewissen Koeffizienten $b_i \in \mathbb{F}_p$.

Wir benutzen nun unsere Formel für $\sum\limits_{x \in \mathbb{F}_p} x^j$, um auszurechnen

$$\sum_{x \in \mathbb{F}_p} h(x)^{\frac{p-1}{2}} = \sum_{x \in \mathbb{F}_p} x^{3\frac{p-1}{2}} + \ldots + b_2 \sum_{x \in \mathbb{F}_p} x^2 + b_1 \sum_{x \in \mathbb{F}_p} x + b_0 \sum_{x \in \mathbb{F}_p} 1$$
$$= -b_{p-1} \text{ in } \mathbb{F}_p,$$

denn die einzige Zahl $j \in \{1, 2, \ldots, 3\frac{p-1}{2}\}$, die ein Vielfaches von $(p-1)$ ist, ist $(p-1)$ selbst. Alle anderen Beiträge müssen verschwinden. Daher ist $\sum\limits_{x \in \mathbb{F}_p} h(x)^{\frac{p-1}{2}} = 0$ in $\mathbb{F}_p$ genau dann, wenn der Koeffizient b_{p-1} vor x^{p-1} in $h(x)^{\frac{p-1}{2}}$ verschwindet. $\square$

Wir betrachten noch einmal unser altes Beispiel

$$y^2 = x^3 + x$$

aus Kapitel 2. Wir haben in Abschnitt 2.1 gesehen, daß die so definierte Kurve singulär über $\mathbb{F}_2$ und nicht-singulär über $\mathbb{F}_p$ für $p \geq 3$ ist. Im letzteren Fall gibt uns diese affine Weierstraßgleichung also eine elliptische Kurve $E(\mathbb{F}_p)$. Wann ist $E(\mathbb{F}_p)$ supersingulär?

Wir wenden das Kriterium aus Proposition 3.4.3 an und berechnen

$$(x^3 + x)^{\frac{p-1}{2}} = \sum_{j=0}^{\frac{p-1}{2}} \binom{\frac{p-1}{2}}{j} x^{3j} x^{\frac{p-1}{2}-j} \text{ in } \mathbb{F}_p.$$

Es kommen also nur Potenzen der Form $x^{\frac{p-1}{2}+2j}$ vor. Nun ist

$$\frac{p-1}{2} + 2j = p - 1 \text{ genau dann, wenn } 2j = \frac{p-1}{2}$$

ist. Das kann nur eintreten, wenn $\frac{p-1}{2}$ gerade, also $p \equiv 1 \bmod 4$ ist. In diesem Fall ist der Koeffizient vor x^{p-1} gleich $\binom{\frac{p-1}{2}}{\frac{p-1}{4}}$, und diese Zahl verschwindet nicht in $\mathbb{F}_p$. $E(\mathbb{F}_p)$ ist hier also nicht supersingulär. Falls hingegen $p \equiv 3 \bmod 4$ ist, so kommt gar kein x^{p-1}-Summand vor, in diesem Fall ist $E(\mathbb{F}_p)$ also supersingulär.

Das paßt mit unseren alten Berechnungen in Abschnitt 2.1 zusammen. Dort haben wir nämlich gesehen, daß die affine Gleichung $y^2 = x^3 + x$ über $\mathbb{F}_3$ und über $\mathbb{F}_5$ je drei Lösungen hat. Also folgt (O nicht vergessen!)

$$\#E(\mathbb{F}_3) = 4, \text{ daher gilt } 3 | (\#E(\mathbb{F}_3) - 3 - 1) \text{ und}$$

$$\#E(\mathbb{F}_5) = 4, \text{ daher gilt } 5 \nmid (\#E(\mathbb{F}_5) - 5 - 1).$$

Falls $\mathrm{char}(F) = 2$ ist, läßt sich Proposition 3.4.3 nicht anwenden. In diesem Fall gibt es aber ein ganz einfaches Kriterium für Supersingularität:

Proposition 3.4.4 *Es sei* $\mathrm{char}(F) = 2$ *und* $E(F)$ *eine elliptische Kurve, gegeben durch die affine Weierstraßgleichung*

$$y^2 + a_1 xy + a_3 y = x^3 + a_2 x^2 + a_4 x + a_6.$$

Dann ist $E(F)$ *supersingulär genau dann, wenn* $a_1 = 0$ *ist.*

Beweis: Definitionsgemäß ist $E(F)$ supersingulär, falls die Spur des Frobenius $q + 1 - \#E(F)$ gerade ist. Da hier $q = 2^r$ ist, ist das genau dann der Fall, wenn $\#E(F)$ ungerade ist.

Nun ist die Anzahl der Elemente in der endlichen abelschen Gruppe $E(F)$ gerade genau dann, wenn es ein Element $P \in E(F)$ der Ordnung 2 gibt. (Wie jede endliche abelsche Gruppe ist $E(F)$ isomorph zu einem Produkt $\mathbb{Z}/d_1\mathbb{Z} \times \ldots \times \mathbb{Z}/d_s\mathbb{Z}$. Wenn $\#E(F)$ gerade ist, so muß eines der d_i gerade sein, so daß $\mathbb{Z}/d_i\mathbb{Z}$ und damit $E(F)$ ein Element der Ordnung 2 enthält.)

Es genügt also zu zeigen: Es gibt ein $P \neq O$ in $E(F)$ mit $2P = O$ genau dann, wenn $a_1 \neq 0$ ist. Nach unseren expliziten Additionsformeln 2.3.13 gilt: $P = (x, y)$ erfüllt $2P = O$ genau dann, wenn

$$2y + a_1 x + a_3 = 0, \text{ also } a_1 x + a_3 = 0$$

ist.

Falls nun $a_1 \neq 0$ ist, so setzen wir

$$x = -\frac{a_3}{a_1}.$$

Außerdem wählen wir ein $y \in F$ mit

$$y^2 = x^3 + a_2 x^2 + a_4 x + a_6.$$

Dies ist möglich, da im Fall $\operatorname{char}(F) = 2$ *jedes* Element in F ein Quadrat ist. (Für 0 ist das ohnehin klar. Die Einheitengruppe $F^\times$ ist zyklisch, erzeugt von einem ζ der Ordnung $q - 1 = 2^r - 1$. Also gilt $\zeta^{2^r} = \zeta^{2^r - 1} \cdot \zeta = \zeta$, so daß ζ und damit auch jedes andere Element von $F^\times$ in der Tat ein Quadrat ist).

Dann gilt $a_1 x + a_3 = 0$ und $y^2 + y(a_1 x + a_3) = x^3 + a_2 x^2 + a_4 x + a_6$, also ist $P = (x, y)$ ein Punkt in $E(F)$ der Ordnung 2.

Wir nehmen nun umgekehrt an, daß $E(F)$ einen Punkt $P = (x, y)$ der Ordnung 2 enthält, d.h. es gilt

$$a_1 x + a_3 = 0.$$

Falls hier $a_1 = 0$ ist, so muß auch $a_3 = 0$ sein. $E(F)$ wird also durch die Gleichung

$$f(x, y) = y^2 - x^3 - a_2 x^2 - a_4 x - a_6 = 0.$$

gegeben.

Es ist

$$\frac{\partial f}{\partial y}(x, y) = 0 \text{ und } \frac{\partial f}{\partial x}(x, y) = x^2 + a_4,$$

wenn man die Rechenregeln in Charakteristik 2 berücksichtigt. Da jedes Element von F ein Quadrat in F ist, gibt es ein $x \in F$ mit

$$x^2 + a_4 = 0$$

und ein $y \in F$ mit

$$y^2 = x^3 + a_2 x^2 + a_4 x + a_6.$$

Dann ist $P = (x, y)$ ein Punkt in $E(F)$, für den beide Ableitungen verschwinden. Das kann aber nicht sein, da $E(F)$ nicht-singulär ist.

Der Fall $a_1 = 0$ kann also hier nicht auftreten, so daß in der Tat $a_1 \neq 0$ folgt. $\qquad \square$

Wir werden im folgenden Kapitel sehen, daß supersinguläre Kurve für kryptographische Zwecke schlecht geeignet sind.

4. Das Problem des diskreten Logarithmus für elliptische Kurven

Wir haben nun eine ganze Reihe von endlichen abelschen Gruppen kennengelernt, nämlich die Gruppen $G = E(\mathbb{F}_q)$ für eine elliptische Kurve E über dem endlichen Körper $\mathbb{F}_q$. Für jede solche Gruppe $G = E(\mathbb{F}_q)$ und jeden Punkt $P \in E(\mathbb{F}_q)$ können wir also die in Kapitel 1 vorgestellten Verfahren der Public-Key-Kryptographie (Diffie-Hellman Schlüsselaustausch, ElGamal-Verschlüsselung und ElGamal-Signaturen) betrachten. Wir haben gesehen, daß diese Verfahren nur dann brauchbar sein können, wenn das diskrete Logarithmus-Problem in $E(\mathbb{F}_q)$ "schwer" zu lösen ist (auch wenn nicht bewiesen ist, daß dies schon ausreicht, um die kryptographische Sicherheit zu gewährleisten). In diesem Kapitel wollen wir die bekannten Angriffe auf das DL-Problem vorstellen und so herausfinden, wie man $E(\mathbb{F}_q)$ und P wählen muß, damit das DL-Problem möglichst schwierig ist. Dabei konzentrieren wir uns auf die momentan tatsächlich durchführbaren Methoden und lassen die Angriffe durch (bisher) hypothetische Quantencomputer, mit denen alle gebräuchlichen Public-Key-Verfahren geknackt werden könnten, außer acht.

Gegeben sei also ein Punkt $P \in E(\mathbb{F}_q)$ der Ordnung n. Wir wollen zu einem Punkt Q in der von P erzeugten zyklischen Untergruppe $\langle P \rangle$ von $E(F)$ diejenige Zahl k mit

$$kP = Q$$

bestimmen. Natürlich ist k durch diese Gleichung nur bis auf ein Vielfaches von n bestimmt. Wir suchen also die Restklasse $(k \bmod n)$ oder, was auf dasselbe hinausläuft, den Vertreter dieser Restklasse in $\{0, 1, \ldots, n-1\}$. Wir nennen k auch den diskreten Logarithmus von Q.

Wir unterscheiden zwischen zwei Arten von Methoden: die einen funktionieren für beliebige abelsche Gruppen, während die anderen speziell auf elliptische Kurven abgestimmt sind.

4.1 Allgemeine Methoden

Hier wollen wir einige Verfahren zur Lösung des DL-Problems vorstellen, die für beliebige abelsche Gruppen anwendbar sind. Gegeben sei also eine endliche abelsche Gruppe G, ein Element $P \in G$ der Ordnung n und ein $Q = kP$ in der von P erzeugten zyklischen Untergruppe von G.

4.1.1 Enumerationsverfahren

Die naivste Methode, den diskreten Logarithmus zu berechnen, besteht darin, für alle $k = 0, 1, \ldots, n - 1$ zu prüfen, ob $kP = Q$ ist. Im ungünstigsten Fall muß man hier n Berechnungen und n Vergleiche durchführen. Dies kommt also nur für "kleines" n in Frage.

4.1.2 Babystep-Giantstep-Algorithmus (BSGS)

Es sei $m = \lceil \sqrt{n} \rceil$, d.h. m sei die kleinste ganze Zahl größer oder gleich $\sqrt{n}$. Wir können k schreiben als $k = qm + r$ mit einer ganzen Zahl q und einem $r \in \{0, 1, \ldots, m - 1\}$, dem Rest der Division von k durch m. Es genügt offenbar, die Zahlen q und r zu bestimmen. Da

$$Q = kP = qmP + rP$$

ist, folgt

$$Q - rP = qmP.$$

Die Idee des Algorithmus ist es, eine Liste aller möglichen Werte der linken Seite dieser Gleichung aufzustellen ("Babysteps"), und dann nach und nach die möglichen Werte der rechten Seite zu berechnen ("Giantsteps") und in der Liste zu suchen. Sobald man eine Übereinstimmung findet, kennt man r und q.

Die Liste der "Babysteps" ist

$$B = \{(Q - rP, r) : 0 \leq r < m\}.$$

Diese wird zu Beginn berechnet und abgespeichert. Falls für eines dieser $r \in \{0, \ldots, m - 1\}$ die Gleichung $Q - rP = O$ erfüllt ist, so ist $r = k$ der diskrete Logarithmus. Falls dies nicht der Fall ist, so wird im ersten "Giantstep" der Punkt $R = mP$ berechnet und geprüft, ob R als erste Komponente eines Eintrags in der Liste B vorkommt. Falls ja, so gibt uns die zweite Komponente ein r mit $Q - rP = mP$ an die Hand. Daher ist

$$k = m + r.$$

Falls wir R nicht finden, so werden nacheinander die "Giantsteps"

$$2R, 3R, 4R, \ldots, (m-1)R$$

berechnet und in der Liste gesucht. Sobald wir ein qR finden, das dort als erste Komponente auftaucht, gibt uns die zweite Komponente ein r mit $k = qm + r$.

Bei diesem Verfahren sind für die Liste der Babysteps m Berechnungen in G sowie genug Speicherplatz erforderlich, und für die Giantsteps sind bis zu m Berechnungen und Suchoperationen in B nötig.

Insgesamt ist der Zeit- und Platzbedarf dieses Algorithmus von der Größenordnung $\sqrt{n}$, siehe [Bu], §9.3.

4.1.3 Pohlig-Hellman-Verfahren

Dieses Verfahren reduziert die Berechnung diskreter Logarithmen in der Gruppe $\langle P \rangle$ der Ordnung n auf die Berechnung diskreter Logarithmen in Untergruppen von $\langle P \rangle$, deren Ordnung ein Primteiler von n ist.

Es sei

$$n = \prod_{i=1}^{t} p_i^{\lambda_i}$$

die Primfaktorzerlegung von n mit Primzahlen p_i und natürlichen Exponenten $\lambda_i \geq 1$. Gegeben sei wieder ein Element $Q = kP$ aus $\langle P \rangle$. Die grundlegende Idee ist nun, daß wir nur alle Restklassen

$$k \bmod p_1^{\lambda_1}, k \bmod p_2^{\lambda_2}, \ldots, k \bmod p_t^{\lambda_t}$$

berechnen müssen. Nach dem Chinesischen Restsatz ist nämlich

$$\mathbb{Z}/n\mathbb{Z} \simeq \mathbb{Z}/p_1^{\lambda_1}\mathbb{Z} \times \ldots \times \mathbb{Z}/p_t^{\lambda_t}\mathbb{Z},$$

so daß wir damit auch die Restklasse von k modulo n kennen. (Es gibt effektive Algorithmen zur Berechnung des Chinesischen Restsatzes, siehe 6.2.)

Wir nehmen also eines der $p_i^{\lambda_i}$ in der Primfaktorzerlegung von n her und schreiben kurz $p = p_i$ und $\lambda = \lambda_i$. Es gilt nun, die Restklasse von k modulo p^λ zu berechnen. Dazu wollen wir den Vertreter

$$z \in \{0, \ldots, p^\lambda - 1\}$$

mit

$$z \equiv k \bmod p^\lambda$$

bestimmen. Wir betrachten die p-adische Entwicklung

$$z = z_0 + z_1 p + z_2 p^2 + \ldots + z_{\lambda-1} p^{\lambda-1}$$

von z mit den Koeffizienten $z_i \in \{0, 1, \ldots, p - 1\}$ (siehe 6.1). Wir zeigen nun, daß sich jeder dieser Koeffizienten z_i als Lösung eines DL-Problems in einer Untergruppe von $\langle P \rangle$ der Ordnung p finden läßt. Zunächst sei $R = \frac{n}{p} P$. Dann gilt

$$\frac{n}{p} Q = \frac{n}{p} kP = kR.$$

Außerdem hat der Punkt R die Ordnung p, so daß $pR = O$ ist. Daher ist

$$kR = zR = z_0 R,$$

so daß

$$\frac{n}{p} Q = z_0 R$$

gilt. Wenn wir das DL-Problem in der Untergruppe $\langle R \rangle$ der Ordnung p lösen können, so können wir also z_0 bestimmen.

Die anderen Koeffizienten z_i berechnet man rekursiv. Angenommen, wir haben für ein $j \leq \lambda - 1$ die Koeffizienten $z_0, z_1, \ldots, z_{j-1}$ schon bestimmt. Dann können wir den Punkt

$$Q_j = \frac{n}{p^{j+1}} (Q - (z_0 + z_1 p + \ldots + z_{j-1} p^{j-1}) P)$$

berechnen. Da $nP = O$ ist, gilt $\frac{n}{p^{j+1}} p^\lambda P = O$, woraus

$$\frac{n}{p^{j+1}} Q = \frac{n}{p^{j+1}} kP = \frac{n}{p^{j+1}} zP$$

folgt. Daher ist

$$Q_j = \frac{n}{p^{j+1}}(z_j p^j + \ldots + z_{\lambda-1} p^{\lambda-1})P = \frac{n}{p} z_j P = z_j R.$$

Wir erhalten also z_j, indem wir wieder ein DL-Problem in der von $R = \frac{n}{p}P$ erzeugten zyklischen Untergruppe $\langle R \rangle$ von $\langle P \rangle$ lösen.

Die hier auftretenden DL-Probleme in Untergruppen der Ordnung p lassen sich mit dem Enumerationsverfahren oder dem Baby-Step-Giant-Step-Algorithmus lösen. Im letzteren Fall benötigt der Pohlig-Hellman Algorithmus $O(\sum_{i=1}^{t}(\lambda_i(\log n + \sqrt{p_i})))$ Gruppenoperationen, siehe [Bu], Theorem 9.5.2. Dieses Verfahren ist nur dann effizient, wenn alle Primteiler $p_1, \ldots, p_t$ von n klein genug sind.

4.1.4 Pollard-ρ-Methode

Hier werden vorab endlich viele Elemente aus G der Form

$$J_i = a_i P + b_i Q, i = 1 \ldots s,$$

für zufällig gewählte ganze Zahlen $a_1, \ldots a_s$ und $b_1, \ldots, b_s$ definiert. Außerdem benötigen wir eine Funktion $f : G \to \{1, \ldots, s\}$, d. h. wir zerlegen G in s Teilmengen

$$f^{-1}(\{i\}) = G_i.$$

Nun wählen wir einen Startpunkt $R_0 \in \langle P \rangle$ der Form

$$R_0 = x_0 P + y_0 Q$$

für ganze Zahlen x_0 und y_0 und definieren eine Folge von Elementen in $\langle P \rangle$ durch

$$R_1 = R_0 + J_{f(R_0)}, \ R_2 = R_1 + J_{f(R_1)}, \ldots, R_{l+1} = R_l + J_{f(R_l)} \ldots$$

Für jedes R_l sehen wir also nach, in welcher Teilmenge G_i es liegt und definieren das nächste Gruppenelement durch Addition von J_i. Jedes R_l hat die Form

$$R_l = x_l P + y_l Q$$

mit gewissen ganzen Zahlen x_l und y_l. Da $\langle P \rangle$ endlich ist, finden wir irgendwann ein Element R_l, das zuvor schon einmal in unserer Folge aufgetaucht ist, d.h. es gibt zwei Indizes $l \neq m$ mit $R_l = R_m$. Dann gilt $x_l P + y_l Q = x_m P + y_m Q$, also

$$(x_l - x_m)P = (y_m - y_l)Q = (y_m - y_l)kP.$$

Daraus folgt $x_l - x_m \equiv (y_m - y_l)k \bmod n$. Falls nun $(y_m - y_l)$ teilerfremd zu n ist, so können wir k bestimmen als

$$k = \frac{(x_l - x_m) \bmod n}{(y_m - y_l) \bmod n} \text{ in } \mathbb{Z}/n\mathbb{Z}.$$

Falls $(y_m - y_l)$ nicht teilerfremd zu n ist, so kann man, falls

$$d = ggT(n, y_m - y_l)$$

klein genug ist, den richtigen Wert von k wie folgt durch Ausprobieren ermitteln: Da $\frac{y_m - y_l}{d}$ invertierbar in $\mathbb{Z}/n\mathbb{Z}$ ist, gibt es zunächst eine ganze Zahl y' mit

$$y'(y_m - y_l) \equiv d \bmod n.$$

Außerdem folgt aus der Kongruenz

$$x_l - x_m \equiv (y_m - y_l)k \bmod n,$$

daß $x_l - x_m$ ein Vielfaches von d ist, d.h. $x_l - x_m = dx'$ für ein $x' \in \mathbb{Z}$. Multipliziert man diese Kongruenz mit y', so ergibt sich also

$$dy'x' \equiv dk \bmod n.$$

Daher ist $(k - y'x')$ modulo n kongruent zu einem der Werte $0, \frac{n}{d}, \dots,$ $(d-1)\frac{n}{d}$, d.h.

$$k \equiv y'x' + i\frac{n}{d} \bmod n \text{ für ein } i \in \{0, 1, \dots, d-1\}.$$

Durch Berechnen aller dieser kP kann man nun prüfen, welcher der Kandidaten der gesuchte diskrete Logarithmus ist. Falls d dafür zu groß ist, so muß man das Verfahren mit einem neuen Startpunkt wiederholen. In der Praxis wird man die Pollard-ρ-Methode mit dem Pohlig-Hellman Verfahren kombinieren und daher immer annehmen können, daß n eine Primzahl ist. Der Fall $d \neq 1$ ist dann sehr unwahrscheinlich.

Falls sich die Folge $(R_0, R_1, R_2, \dots)$ wie eine Zufallsfolge verhält, so kann man mit wahrscheinlichkeitstheoretischen Argumenten zeigen, daß die erste Übereinstimmung zweier R_i für große n nach etwa $\sqrt{\frac{\pi}{2}}\sqrt{n}$-vielen Folgengliedern zu erwarten ist (siehe [vO-Wie]).

Von der Laufzeit her ist der Pollard-ρ-Algorithmus also mit dem Babystep-Giantstep-Algorithmus zu vergleichen. Speicherplatztechnisch ist er jedoch günstiger. Es gibt nämlich verschiedene Tricks, mit denen man es vermeiden kann, die ganze Folge $(R_0, R_1, R_2, \ldots)$ abspeichern zu müssen. Ein einfacher solcher Trick ist der Algorithmus von Floyd: Man berechnet für alle $i = 1, 2, 3, \ldots$ jeweils nur die Elemente R_i und R_{2i} und vergleicht sie miteinander. Sobald man ein i mit

$$R_i = R_{2i}$$

findet, kann man dies wie oben ausnutzen, um den diskreten Logarithmus zu bestimmen.

Um zu sehen, warum man auch Kollisionen zwischen diesen speziellen Elementen erwarten kann, muß man sich klarmachen, wie die Folge der R_i aussieht: Wenn $R_l = R_m$ für $l < m$ die erste Übereinstimmung zweier Folgenglieder ist, so gilt nach unserer rekursiven Definition $R_{l+1} = R_{m+1}, R_{l+2} = R_{m+2}$ usw. Für alle $j \geq l$ gilt also

$$R_j = R_{j+(m-l)}.$$

Die Folge $(R_0, R_1, R_2, \ldots)$ besteht also aus einem Anfangsstück

$$(R_0, \ldots, R_{l-1}),$$

gefolgt von einem Zykel

$$(R_l, \ldots, R_{m-1}),$$

der immer wieder durchlaufen wird. Dies entspricht der Form des griechischen Buchstaben ρ (links unten fängt man mit R_0 an). Von dieser Analogie rührt auch der Name des Algorithmus her. Also findet man nach $R_l = R_m$ laufend weitere Kollisionen. Insbesondere ist $R_i = R_{2i}$, falls $i \geq l$ und ein Vielfaches von $(m - l)$ ist. Dies ist z.B. für

$$i = (m - l) \left(1 + \left[\frac{l}{m-l} \right] \right) \leq m$$

der Fall.

Insgesamt hat der Pollard-ρ-Algorithmus eine erwartete Laufzeit von $O(\sqrt{n})$ Gruppenoperationen. Seine Vorteile sind zum einen, daß er wenig Speicherplatz benötigt, und zum andern, daß er sich parallelisieren läßt. Durch Einsatz von m Prozessoren läßt sich eine Geschwindigkeitssteigerung um den Faktor m erreichen (siehe [vO-Wie]).

4.1.5 Pollard-λ-Methode

Hier definieren wir Elemente $J_1, \ldots, J_s$ und eine Partitionsfunktion $f : G \to \{1, \ldots, s\}$ wie bei der ρ-Methode. Allerdings starten wir nun mit zwei Elementen $R_0 = x_0 P + y_0 Q$ und $S_0 = x_0' P + y_0' Q$ und definieren rekursiv zwei Folgen von Gruppenelementen durch

$$R_{l+1} = R_l + J_{f(R_l)}$$
$$S_{l+1} = S_l + J_{f(S_l)}.$$

Wir schreiben auch hier $R_l = x_l P + y_l Q$ und $S_l = x_l' P + y_l' Q$. Mit einer gewissen Wahrscheinlichkeit treffen sich diese beiden Folgen irgendwann, d.h. es gibt Indizes l und m mit $R_l = S_m$. Dann gilt

$$(x_l - x_m') P = (y_m' - y_l) Q = (y_m' - y_l) k P$$

also $x_l - x_m' \equiv (y_m' - y_l) k \bmod n$.

Daraus können wir wie bei der ρ-Methode k bestimmen, falls $(y_m' - y_l)$ und n teilerfremd sind oder wenigstens nur einen kleinen Teiler gemeinsam haben.

Der Name der λ-Methode erklärt sich ebenfalls durch die Form des Weges, den die beiden Folgen $(R_0, R_1, R_2 \ldots)$ und $(S_0, S_1, S_2 \ldots)$ in der Gruppe G zurücklegen. Beide starten irgendwo in G und treffen sich dann in $R_l = S_m$. Aufgrund der rekursiven Definition gilt $R_{l+1} = S_{m+1}, R_{l+2} = S_{m+2}$ usw. Nach dem ersten Treffpunkt laufen beide Folgen also gemeinsam weiter. Ihre Wege durch die Gruppe haben daher die Form des griechischen Buchstabens λ (R_0 und S_0 starten jeweils in einem Fuß).

Die λ-Methode ist i.a. langsamer als die ρ-Methode. Sie liefert nur dann bessere Ergebnisse, wenn schon bekannt ist, daß der diskrete Logarithmus in einem hinreichend kleinen Intervall liegt.

Genau wie die ρ-Methode läßt sich auch die λ-Methode gut parallelisieren.

4.2 Spezielle Methoden

Hier wollen wir zwei Verfahren vorstellen, die jeweils für eine bestimmte Klasse elliptischer Kurven das DL-Problem lösen.

4.2.1 Der MOV-Algorithmus

Hierbei handelt es sich um ein von Menenzes, Okamoto und Vanstone entwickeltes Verfahren (siehe [MOV]), mit dem man das DL-Problem für eine elliptische Kurve $E(\mathbb{F}_q)$ auf das DL-Problem in der Gruppe $\mathbb{F}_{q^l}^{\times}$ für ein gewisses $l \geq 1$ zurückführen kann. Falls man l so klein wählen kann, daß das DL-Problem in $\mathbb{F}_{q^l}^{\times}$ in der Praxis lösbar ist, so ist $E(\mathbb{F}_q)$ also für kryptographische Zwecke ungeeignet. Auf diese Weise schließt man z.B. supersinguläre elliptische Kurven aus.

Die Grundidee ist hier die Verwendung der sogenannten Weil-Paarung. Gegeben sei eine elliptische Kurve E über dem endlichen Körper $\mathbb{F}_q$ mit $q = p^r$ und eine ganze Zahl $n \geq 2$, die teilerfremd zu p ist. Die zugehörige Weil-Paarung ist eine Abbildung

$$e_n : E[n] \times E[n] \to \mu_n(\overline{\mathbb{F}}_q),$$

wobei

$$\mu_n(\overline{\mathbb{F}}_q) = \{x \in \overline{\mathbb{F}}_q^{\times} : x^n = 1\}$$

die Gruppe der n-ten Einheitswurzeln in $\overline{\mathbb{F}}_q$ bezeichnet (die aus n Elementen besteht, siehe 6.8) und $E[n]$ wie in Kapitel 3 die Gruppe der n-Torsionspunkte

$$E[n] = \{P \in E(\overline{\mathbb{F}}_q) : nP = O\}$$

ist. Die Weil-Paarung e_n hat folgende Eigenschaften:

i) (bilinear) $e_n(P_1 + P_2, Q) = e_n(P_1, Q)e_n(P_2, Q)$ und $e_n(P, Q_1 + Q_2) = e_n(P, Q_1)e_n(P, Q_2)$.

ii) (alternierend) $e_n(P, Q) = e_n(Q, P)^{-1}$.

iii) (nicht-ausgeartet) Falls $e_n(P, Q) = 1$ für alle $Q \in E[n]$, so ist $P = O$.

iv) (Galois-äquivariant) Falls P und Q in $E(\mathbb{F}_{q^l})$ liegen, so ist $e_n(P, Q) \in \mathbb{F}_{q^l}^{\times}$.

Für die Definition der Weil-Paarung und den Nachweis der Eigenschaften i) bis iv) braucht man etwas mehr Theorie über elliptische Kurven, als wir hier zur Verfügung haben. Wir verweisen daher auf [Si], Kapitel III, §8.

Ein Algorithmus zur Berechnung der Weil-Paarung mit probabilistisch polynomialer Laufzeit findet sich in [Me], 5.1.3.

Immerhin können wir aus obigen Eigenschaften schließen, daß e_n surjektiv ist. Da nämlich $E[n]$ als abelsche Gruppe isomorph zu $\mathbb{Z}/n\mathbb{Z} \times \mathbb{Z}/n\mathbb{Z}$ ist (nach [Si], Korollar 6.4, S. 89), gibt es einen Punkt $P \in E[n]$ der Ordnung n. Aufgrund der Bilinearität von e_n ist die Menge

$$\{e_n(P, Q) : Q \in E[n]\}$$

eine Untergruppe von $\mu_n(\overline{\mathbb{F}}_q)$, also ist die Anzahl d ihrer Elemente ein Teiler von n. Daher gilt für alle $Q \in E[n]$:

$$1 = e_n(P, Q)^d = e_n(dP, Q),$$

woraus wegen der Nicht-Ausgeartetheit $dP = O$ folgt. Da P die Ordnung n hat, muß also $n = d$ sein.

Gegeben sei nun ein Punkt $P \in E(\mathbb{F}_q)$ der Ordnung n und ein $Q = kP$ in der von P erzeugten zyklischen Gruppe. Wir wollen das zugehörige DL-Problem lösen, d.h. die Zahl k modulo n bestimmen. Dazu müssen wir annehmen, daß n teilerfremd zu $p = \mathrm{char}(\mathbb{F}_q)$ ist. Das ist keine allzu gravierende Einschränkung: Falls n nicht teilerfremd zu p ist, so schreiben wir

$$n = n'p^a$$

mit einem n', das teilerfremd zu p ist, und einem $a \geq 1$. Setzen wir $P_1 = n'P$ und $P_2 = p^a P$, so hat P_1 die Ordnung p^a und P_2 die Ordnung n'. Ähnlich wie im Verfahren von Pohlig-Hellman genügt es nun, die beiden DL-Probleme

$$n'Q = kn'P = kP_1 \quad \text{und}$$
$$p^a Q = kp^a P = kP_2$$

zu lösen. Dann kennt man nämlich die Restklassen von k modulo p^a und modulo n', nach dem Chinesischen Restsatz also auch die Restklasse von k modulo n. Falls p klein genug ist, läßt sich das erste dieser DL-Probleme mit dem Verfahren von Pohlig-Hellman kombiniert mit dem Pollard-ρ-Verfahren lösen. Auf das zweite DL-Problem kann man den MOV-Algorithmus anwenden.

Wir nehmen also ab jetzt an, daß n teilerfremd zu p ist. Dann existiert die Weil-Paarung

$$e_n : E[n] \times E[n] \to \mu_n(\overline{\mathbb{F}}_q).$$

Die Gruppe $E[n]$ ist eine endliche Untergruppe von $E(\overline{\mathbb{F}}_q)$. Offenbar liegt jeder Punkt $R \in E(\overline{\mathbb{F}}_q)$ schon in einer der Teilmengen $E(\mathbb{F}_{q^l})$, $l \geq 1$, von $E(\overline{\mathbb{F}}_q)$. (Das ist klar für O. Für einen affinen Punkt $R = (x, y)$ liegen beide Koordinaten in $\overline{\mathbb{F}}_q$, also schon in einem $\mathbb{F}_{q^l}$.)

Da $E[n]$ endlich ist, gilt also für hinreichend großes l

$$E[n] \subseteq E(\mathbb{F}_{q^l}).$$

Der MOV-Algorithmus sieht nun folgendermaßen aus:

1) Bestimme eine Zahl l mit $E[n] \subseteq E(\mathbb{F}_{q^l})$.

2) Berechne einen Punkt $R \in E[n]$, so daß $a = e_n(P, R)$ eine primitive n-te Einheitswurzel ist, d.h. die Ordnung n in $\mu_n(\overline{\mathbb{F}}_q)$ hat.

3) Berechne $b = e_n(Q, R)$.

4) Löse das DL-Problem $b = a^k$ in $\mathbb{F}_{q^l}^\times$.

Wir wollen uns zunächst überlegen, daß dieser Algorithmus auf das richtige Ergebnis führt. Definitionsgemäß hat der Punkt P die Ordnung n. Wie wir oben gesehen haben, ist die Abbildung

$$e_n(P, -) : E[n] \to \mu_n(\overline{\mathbb{F}}_q)$$

dann surjektiv. Daher existiert ein Punkt R in $E[n]$, dessen Bild $e_n(P, R)$ eine primitive n-te Einheitswurzel ist. Da $E[n] \subseteq E(\mathbb{F}_{q^l})$ ist, liegen nach Eigenschaft iv) der Weil-Paarung $e_n(P, R)$ und $e_n(Q, R)$ in $\mathbb{F}_{q^l}^\times$. Nun folgt aus $Q = kP$ und der Bilinearität der Weil-Paarung

$$b = e_n(Q, R) = e_n(kP, R) = e_n(P, R)^k = a^k.$$

Durch Lösen dieses DL-Problems in der Untergruppe $\langle a \rangle$ von $\mathbb{F}_{q^l}^\times$ der Ordnung n bestimmen wir die Restklasse von k modulo n. Also löst der MOV-Algorithmus wirklich unser DL-Problem.

Für jedes l mit $E[n] \subseteq E(\mathbb{F}_{q^l})$ liegen nach der Eigenschaft iv) der Weil-Paarung alle ihre Werte in $\mathbb{F}_{q^l}^\times$. Wir haben schon gesehen, daß e_n surjektiv ist, so daß in diesem Fall

$$\mu_n(\overline{\mathbb{F}}_q) \text{ eine Untergruppe von } \mathbb{F}_{q^l}^\times$$

ist. Da die erste Gruppe n Elemente, die zweite $(q^l - 1)$ Elemente hat, folgt

$$n | (q^l - 1).$$

Dies gibt uns eine leicht zu überprüfende Bedingung an die Zahl l, die im ersten Schritt gesucht wird.

Damit der MOV-Algorithmus praktikabel ist, muß natürlich noch eine Methode angegeben werden, mit der die Zahl l und der Punkt R bestimmt werden können. Außerdem ist der Algorithmus nur dann von Nutzen, wenn l so klein ist, daß das DL-Problem in $\mathbb{F}_{q^l}^{\times}$ schneller lösbar ist als das DL-Problem in $E(\mathbb{F}_q)$ mit einem der allgemeinen Verfahren.

Wir wollen jetzt zeigen, wieso der MOV-Algorithmus für supersinguläre elliptische Kurven ein gutes Verfahren liefert. Supersinguläre Kurven sind in gewisser Hinsicht als Ausnahmekurven anzusehen. Über ihre Gruppenstruktur weiß man viel mehr als über die Gruppenstruktur einer beliebigen elliptischen Kurve.

Nach dem Satz von Hasse gilt für jede elliptische Kurve $E(\mathbb{F}_q)$ über $\mathbb{F}_q$ die Abschätzung

$$t = q + 1 - \#E(\mathbb{F}_q) \in [-2\sqrt{q}, 2\sqrt{q}].$$

Definitionsgemäß ist $E(\mathbb{F}_q)$ supersingulär, falls $p = \mathrm{char}(\mathbb{F}_q)$ ein Teiler von t ist. Der folgende Satz sagt, daß man für nicht-supersinguläre Kurven über t keine weitere Information hat, als daß es im Intervall $[-2\sqrt{q}, 2\sqrt{q}]$ liegt. Für supersinguläre Kurven hingegen kann t nur eine Handvoll spezieller Werte annehmen.

Satz 4.2.1 *i) Für jede Zahl $t \in [-2\sqrt{q}, 2\sqrt{q}]$, die kein Vielfaches von p ist, gibt es eine elliptische Kurve $E(\mathbb{F}_q)$ über $\mathbb{F}_q$ mit $t = q + 1 - \#E(\mathbb{F}_q)$.*

ii) Falls $E(\mathbb{F}_q)$ eine supersinguläre Kurve über $\mathbb{F}_q$ ist, so nimmt $t = q + 1 - \#E(\mathbb{F}_q)$ einen der Werte

$$0, \pm\sqrt{q}, \pm\sqrt{2q}, \pm\sqrt{3q}, \pm2\sqrt{q}$$

an.

Beweis: Ein Beweis findet sich in [Wa], Theorem 4.1. □

Außerdem kann man für eine supersinguläre Kurve $E(\mathbb{F}_q)$ die Gruppenstruktur genau bestimmen. Das wollen wir hier nicht genau ausführen, sondern auf [Sch2], Lemma 4.8 verweisen. Nach 3.4.2 sind mit $E(\mathbb{F}_q)$ auch alle elliptischen Kurven $E(\mathbb{F}_{q^l})$ über den Erweiterungskörpern $\mathbb{F}_{q^l}$ supersingulär. Daher kann man mit diesem Ergebnis auch die Gruppenstruktur der größeren Kurven $E(\mathbb{F}_{q^l})$ für $l \in \{1, \ldots, 6\}$ bestimmen und so folgendes Resultat zeigen:

Proposition 4.2.2 *Sei $E(\mathbb{F}_q)$ eine supersinguläre elliptische Kurve über $\mathbb{F}_q$ und $t = q + 1 - \#E(\mathbb{F}_q)$. Ferner sei $P \in E(\mathbb{F}_q)$ ein Punkt der Ordnung n. Dann gilt $E[n] \subseteq E(\mathbb{F}_{q^l})$, wenn l anhand der folgenden Tabelle gewählt wird. Die Zahl d gibt für dieses l den Exponenten der Gruppe $E(\mathbb{F}_{q^l})$ an, d.h. die kleinste natürliche Zahl d, so daß $dR = O$ für alle $R \in E(\mathbb{F}_{q^l})$ gilt.*

t	0	$\pm\sqrt{q}$	$\pm\sqrt{2q}$	$\pm\sqrt{3q}$	$\pm 2\sqrt{q}$
l	2	3	4	6	1
d	$q+1$	$\sqrt{q^3} \pm 1$	q^2+1	q^3+1	$\sqrt{q} \mp 1$

Beweis: Siehe [MOV], Table I. $\square$

Für supersinguläre elliptische Kurven läßt sich der erste Schritt des MOV-Algorithmus also einfach durch Nachschlagen in obiger Tabelle erledigen.

Der zweite Schritt läßt sich wie folgt durch eine Abwandlung des Algorithmus durchführen:

MOV-Algorithmus für supersinguläre elliptische Kurven:

1) Berechne $t = q + 1 - \#E(\mathbb{F}_q)$ und bestimme anhand obiger Tabelle ein l mit $E[n] \subseteq E(\mathbb{F}_{q^l})$ sowie den Exponenten d der Gruppe $E(\mathbb{F}_{q^l})$.

2) Wähle einen beliebigen Punkt $R' \in E(\mathbb{F}_{q^l})$ und setze $R = \frac{d}{n} R'$.

3) Berechne $a = e_n(P, R)$ und $b = e_n(Q, R)$.

4) Löse das DL-Problem $b = a^{k'}$ in $\mathbb{F}_{q^l}^\times$.

5) Falls $k'P = Q$, so ist $k' = k$ der gesuchte diskrete Logarithmus. Ansonsten starte erneut bei 2).

Da

$$P \in E(\mathbb{F}_q) \subseteq E(\mathbb{F}_{q^l})$$

ein Punkt der Ordnung n ist, muß n den Exponenten d von $E(\mathbb{F}_{q^l})$ teilen. Daher ist der Punkt R in 2) wohldefiniert. Er liegt außerdem in $E[n]$, da

$$nR = dR' = O$$

ist. Also können wir ihn in die Weil-Paarung einsetzen.

Falls $a = e_n(P, R)$ eine primitive n-te Einheitswurzel ist, so gilt $k' \equiv k \bmod n$, wie wir oben schon gesehen haben. Ansonsten gilt zwar auch

$$b = a^k \text{ in } \mathbb{F}_{q^l}^{\times}$$

für unseren diskreten Logarithmus k. Durch Lösen dieses diskreten Logarithmus-Problems in der Untergruppe $\langle a \rangle$ von $\mathbb{F}_{q^l}^{\times}$ können wir jedoch nur die Restklasse von k modulo α bestimmen, wobei α die Ordnung von a ist. Wählen wir einen Vertreter k' dieser Restklasse in $\{0, 1, \ldots, \alpha - 1\}$, so kann es natürlich passieren, daß

$$k'P \neq Q$$

ist. Dann muß der Algorithmus mit einem neuen R' wiederholt werden.

Die Wahrscheinlichkeit, daß a eine primitive n-te Einheitswurzel ist und damit der Algorithmus terminiert, beträgt $\frac{\varphi(n)}{n}$ für die Eulersche φ-Funktion (siehe 6.3). Im Schnitt werden also $\frac{n}{\varphi(n)}$ Durchläufe benötigt. Diese Zahl wird für große n schnell klein, genauer gesagt gilt

$$\frac{n}{\varphi(n)} \leq 6 \log \log n \text{ für } n \geq 5,$$

siehe [MOV], S. 1642.

Nun gibt es für das DL-Problem in der multiplikativen Gruppe eines endlichen Körpers Algorithmen, die schneller sind als die oben vorgestellten allgemeinen Verfahren (siehe 5.2.2). Daher kann man zeigen, daß der MOV-Algorithmus das DL-Problem für supersinguläre elliptische Kurven in probabilistisch subexponentieller Zeit löst. Also sind supersinguläre Kurven für kryptographische Zwecke ungeeignet.

Für eine beliebige elliptische Kurve $E(\mathbb{F}_q)$ und einen Punkt $P \in E(\mathbb{F}_q)$ kann man folgendermaßen ausschließen, daß das DL-Problem in $\langle P \rangle$ durch den MOV-Algorithmus angreifbar ist: Man prüft nach, daß für alle $l \geq 1$, so daß das DL-Problem in $\mathbb{F}_{q^l}^{\times}$ schneller berechenbar ist als das DL-Problem in $\langle P \rangle$ mit einem allgemeinen Verfahren, die Zahl

$$n = \text{ord}(P) \text{ kein Teiler von } (q^l - 1)$$

ist. Wie wir oben gesehen haben, kann dann $E[n]$ keine Teilmenge von $E(\mathbb{F}_{q^l})$ sein. Der MOV-Algorithmus kann demnach nur auf ein DL-Problem in $\mathbb{F}_{q^l}^{\times}$ führen, das nicht schneller zu lösen ist als unser Ausgangsproblem. (In der Praxis genügt es hier für $n > 2^{160}$ alle l mit $l \leq 20$ zu testen.) Die Wahrscheinlichkeit dafür, daß eine zufällig gewählte elliptische Kurve diesen Test nicht besteht, ist eher klein (siehe [Ba-Ko]).

Es gibt außerdem noch ein ähnliches Verfahren von Frey und Rück (siehe [Fr-Rü] und [FMR]), das anstelle der Weil-Paarung mit der sogenannten Tate-Paarung arbeitet und unter etwas allgemeineren Voraussetzungen funktioniert. Mit dem Frey-Rück-Verfahren wird nämlich immer dann das DL-Problem in der von $P \in E(\mathbb{F}_q)$ erzeugten Untergruppe der Ordnung n auf ein DL-Problem in $\mathbb{F}_q^{\times}$ zurückführt, wenn n ein Teiler von $q - 1$ ist. Auch dieser Angriff wird also mit dem oben beschriebenen Test ausgeschlossen.

4.2.2 Anomale Kurven oder SSSA-Algorithmus

Eine elliptische Kurve $E(\mathbb{F}_p)$ über dem Primkörper $\mathbb{F}_p$ heißt anomal, falls

$$\#E(\mathbb{F}_p) = p$$

gilt. Für solche Kurven haben Satoh und Araki, Smart sowie Semaev unabhängig voneinander einen effektiven Algorithmus zur Lösung des DL-Problems entwickelt (siehe [Sa-Ar], [Sm] und [Se]). Nach seinem Entdeckern heißt er auch SSSA-Algorithmus. Er läßt sich verallgemeinern auf Untergruppen der Ordnung p in elliptischen Kurven $E(\mathbb{F}_q)$ für $q = p^r$.

Wir haben bei der Analyse des MOV-Algorithmus schon gesehen, daß das DL-Problem in einer Gruppe $\langle P \rangle \subseteq E(\mathbb{F}_q)$ der Ordnung

$$n = n'p^a$$

mit zu p teilerfremden n' sich zurückführen läßt auf ein DL-Problem in der Gruppe

$$\langle p^a P \rangle \text{ der Ordnung } n'$$

und ein DL-Problem in der Gruppe

$$\langle n'P \rangle \text{ der Ordnung } p^a.$$

Nach dem Pohlig-Hellman-Verfahren kann man letzteres wiederum zurückspielen auf mehrere DL-Probleme in Untergruppen der Ordnung p. Hier greift dann der (verallgemeinerte) SSSA-Algorithmus. Falls das verbleibende DL-Problem in $\langle p^a P \rangle$ also für den MOV-Algorithmus angreifbar ist oder mit dem Pohlig-Hellman-Verfahren lösbar ist (nämlich dann, wenn n' nur kleine Primteiler besitzt), so ist $E(\mathbb{F}_q)$ für kryptographische Zwecke ungeeignet.

Wir beschreiben der Einfachheit halber das SSSA-Verfahren nur für anomale Kurven $E(\mathbb{F}_p)$. Die Grundidee besteht darin, die elliptische Kurve $E(\mathbb{F}_p)$ zu einer elliptischen Kurve $E^\sim(\mathbb{Q}_p)$ über den p-adischen Zahlen $\mathbb{Q}_p$ zu "liften". (Für die Definition von $\mathbb{Q}_p$ und einige Tatsachen über p-adische Zahlen siehe 6.9.)

$E(\mathbb{F}_p)$ ist gegeben durch eine (projektive) Weierstraßgleichung

$$Y^2 Z + a_1 XYZ + a_3 YZ^2 = X^3 + a_2 X^2 Z + a_4 XZ^2 + a_6 Z^3$$

mit Koeffizienten $a_i \in \mathbb{F}_p$. Da die Reduktionsabbildung

$$\pi : \mathbb{Z}_p \to \mathbb{F}_p$$

surjektiv ist, können wir $\tilde{a}_i \in \mathbb{Z}_p$ wählen mit $\pi(\tilde{a}_i) = a_i$. Das homogene Polynom

$$g(X, Y, Z) = Y^2 Z + \tilde{a}_1 XYZ + \tilde{a}_3 YZ^2 - X^3 - \tilde{a}_2 X^2 Z - \tilde{a}_4 XZ^2 - \tilde{a}_6 Z^3$$

definiert dann eine ebene projektive Kurve $C_g(\mathbb{Q}_p)$ über dem Körper $\mathbb{Q}_p$.

Definiert man

$$\pi : \mathbb{Z}_p[X, Y, Z] \longrightarrow \mathbb{F}_p[X, Y, Z]$$

durch

$$\sum_{\nu_1, \nu_2, \nu_3 \geq 0} \gamma_{\nu_1, \nu_2, \nu_3} X^{\nu_1} Y^{\nu_2} Z^{\nu_3} \longmapsto \sum_{\nu_1, \nu_2, \nu_3 \geq 0} \pi(\gamma_{\nu_1, \nu_2, \nu_3}) X^{\nu_1} Y^{\nu_2} Z^{\nu_3}$$

so ist $\pi(g)$ gerade das Weierstraßpolynom zu $E(\mathbb{F}_p)$.

Für einen beliebigen Punkt $P = [\alpha : \beta : \gamma] \in \mathbb{P}^2(\mathbb{Q}_p)$ können wir die projektiven Koordinaten (α, β, γ) immer so wählen, daß α, β und γ in $\mathbb{Z}_p$ liegen und eines von ihnen sogar in $\mathbb{Z}_p^\times = \mathbb{Z}_p \backslash p\mathbb{Z}_p$ enthalten ist: Wir schreiben einfach die Koordinaten ungleich Null als

$$\alpha = p^{m_\alpha} u_\alpha, \beta = p^{m_\beta} u_\beta \text{ bzw. } \gamma = p^{m_\gamma} u_\gamma$$

mit $m_\alpha, m_\beta, m_\gamma \in \mathbb{Z}$ und $u_\alpha, u_\beta, u_\gamma \in \mathbb{Z}_p^\times$ und multiplizieren dann mit $p^{max\{-m_\alpha, -m_\beta, -m_\gamma\}}$ durch.

Für solche α, β, γ können wir die Reduktion des Punktes P definieren als

$$\pi(P) = [\pi(\alpha) : \pi(\beta) : \pi(\gamma)].$$

Da mindestens eines der α, β, γ in $\mathbb{Z}_p^\times$ liegt, sind $\pi(\alpha), \pi(\beta)$ und $\pi(\gamma)$ nicht gleichzeitig Null. $\pi(P)$ ist also ein Punkt in $\mathbb{P}^2(\mathbb{F}_p)$. Man kann sich leicht überlegen, daß $\pi(P)$ wohldefiniert ist, d.h. nicht davon abhängt, welche projektiven Koordinaten (α, β, γ) für P, so daß α, β, γ in $\mathbb{Z}_p$ und nicht gleichzeitig in $p\mathbb{Z}_p$ liegen, man wählt.

π vermittelt nun eine Reduktionsabbildung auf die elliptische Kurve $E(\mathbb{F}_p)$:

Lemma 4.2.3 *i)* $\pi : \mathbb{P}^2(\mathbb{Q}_p) \to \mathbb{P}^2(\mathbb{F}_p)$ *induziert eine surjektive Abbildung*

$$\pi : C_g(\mathbb{Q}_p) \to E(\mathbb{F}_p).$$

ii) Die Kurve $C_g(\mathbb{Q}_p)$ ist nicht-singulär, also eine elliptische Kurve.

Beweis: i) Es sei $P = [\alpha : \beta : \gamma]$ ein Punkt in $C_g(\mathbb{Q}_p)$ mit Koordinaten α, β, γ in $\mathbb{Z}_p$, die nicht alle in $p\mathbb{Z}_p$ liegen. Dann ist $g(\alpha, \beta, \gamma) = 0$, woraus

$$0 = \pi(g(\alpha, \beta, \gamma)) = \pi(g)(\pi(\alpha), \pi(\beta), \pi(\gamma))$$

folgt, da π ein Ringhomomorphismus ist. Also ist $[\pi(\alpha) : \pi(\beta) : \pi(\gamma)]$ eine Nullstelle des Weierstraßpolynoms $\pi(g)$, d.h. in $E(\mathbb{F}_p)$ enthalten.

Es bleibt zu zeigen, daß π surjektiv ist. Es sei also

$$P = [\alpha' : \beta' : \gamma'] \in E(\mathbb{F}_p).$$

Dann ist

$$\pi(g)(\alpha', \beta', \gamma') = 0.$$

Da $E(\mathbb{F}_p)$ nicht-singulär ist, muß nach 2.2.7 eine der drei Ableitungen $\frac{\partial \pi(g)}{\partial X}$, $\frac{\partial \pi(g)}{\partial Y}$ und $\frac{\partial \pi(g)}{\partial Z}$ im Punkt $(\alpha', \beta', \gamma')$ ungleich Null sein. Wir nehmen einmal an

$$\frac{\partial \pi(g)}{\partial X}(\alpha', \beta', \gamma') \neq 0.$$

(Die anderen beiden Fälle lassen sich analog behandeln.) Es seien β und γ beliebige Elemente in $\mathbb{Z}_p$ mit $\pi(\beta) = \beta'$ und $\pi(\gamma) = \gamma'$. Wir betrachten nun

$$f(X) = g(X, \beta, \gamma)$$

als Polynom in der Variablen X. Offenbar hat $\pi(f)(X) = \pi(g)(X, \beta', \gamma')$ die Nullstelle $\alpha' \in \mathbb{F}_p$ und es gilt

$$\frac{\partial \pi(f)}{\partial X}(\alpha') = \frac{\partial \pi(g)}{\partial X}(\alpha', \beta', \gamma') \neq 0.$$

Nach dem Henselschen Lemma (siehe 6.9) existiert daher ein $\alpha \in \mathbb{Z}_p$ mit $\pi(\alpha) = \alpha'$ und $f(\alpha) = 0$, woraus $g(\alpha, \beta, \gamma) = 0$ folgt. Also ist $P = [\alpha : \beta : \gamma]$ ein Punkt in $C_g(\mathbb{Q}_p)$ mit $\pi(P) = [\alpha' : \beta' : \gamma']$.

ii) Es sei $P = [\alpha : \beta : \gamma] \in C_g(\mathbb{Q}_p)$ mit Koordinaten α, β, γ in $\mathbb{Z}_p$, die nicht alle in $p\mathbb{Z}_p$ liegen. Da $\pi(P) = [\pi(\alpha) : \pi(\beta) : \pi(\gamma)]$ ein Punkt auf der nicht-singulären Kurve $E(\mathbb{F}_p)$ ist, so ist eine der Ableitungen von $\pi(g)$, sagen wir $\frac{\partial \pi(g)}{\partial X}$, im Punkt $(\pi(\alpha), \pi(\beta), \pi(\gamma))$ ungleich Null. Nun gilt aber

$$\pi\left(\frac{\partial g}{\partial X}(\alpha, \beta, \gamma)\right) = \frac{\partial \pi(g)}{\partial X}(\pi(\alpha), \pi(\beta), \pi(\gamma)),$$

da π ein Ringhomomorphismus ist. Daher ist auch $\frac{\partial g}{\partial X}(\alpha, \beta, \gamma) \neq 0$. Nach 2.2.7 ist $C_g(\mathbb{Q}_p)$ also nicht-singulär. $\square$

Wir schreiben im folgenden auch $\tilde{E}(\mathbb{Q}_p)$ für die elliptische Kurve $C_g(\mathbb{Q}_p)$. Hier muß man allerdings im Auge behalten, daß $\tilde{E}(\mathbb{Q}_p)$ von den Urbildern $\tilde{a}_i$ abhängt, die wir zu Beginn gewählt haben. Da die Reduktionsabbildung

$$\pi : \mathbb{P}^2(\mathbb{Q}_p) \longrightarrow \mathbb{P}^2(\mathbb{F}_p)$$

projektive Geraden in projektive Geraden abbildet, kann man zeigen, daß

$$\pi : \tilde{E}(\mathbb{Q}_p) \to E(\mathbb{F}_p)$$

ein Gruppenhomomorphismus ist. Seinen Kern bezeichnen wir mit

$$\tilde{E}_1(\mathbb{Q}_p).$$

Ein Element $[\alpha : \beta : \gamma] \in \tilde{E}(\mathbb{Q}_p)$, so daß α, β, γ in $\mathbb{Z}_p$, aber nicht gleichzeitig in $p\mathbb{Z}_p$ enthalten sind, liegt also in $\tilde{E}_1(\mathbb{Q}_p)$, falls

$$[\pi(\alpha) : \pi(\beta) : \pi(\gamma)] = [0 : 1 : 0],$$

d.h. $\pi(\beta) \neq 0$ und $\pi(\alpha) = \pi(\gamma) = 0$ ist. Es muß also

$$\beta \in \mathbb{Z}_p^\times \text{ und } \frac{\alpha}{\beta}, \frac{\gamma}{\beta} \in p\mathbb{Z}_p$$

sein.

Wir können daher eine Abbildung

$$\psi : \tilde{E}_1(\mathbb{Q}_p) \to p\mathbb{Z}_p/p^2\mathbb{Z}_p$$

durch

$$\psi([\alpha : \beta : \gamma]) = \frac{\alpha}{\beta} \bmod p^2\mathbb{Z}_p$$

definieren. Man kann zeigen, daß ψ sogar ein Gruppenhomomorphismus ist. Um dies zu beweisen, benötigt man allerdings weit mehr Theorie über elliptische Kurven, als wir zur Verfügung haben (siehe [Si], IV.3 und VII.2).

Bisher haben wir noch gar nicht benutzt, daß die Kurve $E(\mathbb{F}_p)$ anomal ist, d.h. p Elemente hat. Dies brauchen wir nun. In diesem Fall vermittelt nämlich die p-Multiplikation auf $\tilde{E}(\mathbb{Q}_p)$ einen Homomorphismus

$$p : \tilde{E}(\mathbb{Q}_p) \longrightarrow \tilde{E}_1(\mathbb{Q}_p)$$

da $\pi(pP) = p\pi(P)$ wegen $\#E(\mathbb{F}_p) = p$ Null sein muß.

Wir wählen nun weiterhin eine beliebige Abbildung

$$s : E(\mathbb{F}_p) \to \tilde{E}(\mathbb{Q}_p),$$

so daß $\pi \circ s$ die Identität auf $E(\mathbb{F}_p)$ ist. Das bedeutet einfach, daß wir für jeden Punkt $P \in E(\mathbb{F}_p)$ ein Urbild in $\tilde{E}(\mathbb{Q}_p)$ unter der Reduktionsabbildung π wählen. Natürlich wird s im allgemeinen kein Gruppenhomomorphismus sein.

Jetzt können wir die Abbildung $\lambda : E(\mathbb{F}_p) \to \mathbb{F}_p$ als Verknüpfung

$$\lambda : E(\mathbb{F}_p) \overset{s}{\to} \tilde{E}(\mathbb{Q}_p) \overset{p}{\to} \tilde{E}_1(\mathbb{Q}_p) \overset{\psi}{\to} p\mathbb{Z}_p/p^2\mathbb{Z}_p \overset{\sim}{\to} \mathbb{F}_p$$

definieren. (Für die letzte Isomorphie siehe 6.9.) Diese Abbildung λ hängt nicht von s ab. Wenn nämlich

$$s' : E(\mathbb{F}_p) \to \tilde{E}(\mathbb{Q}_p)$$

eine weitere Abbildung mit $\pi \circ s' = id$ ist, so gilt für alle $P \in E(\mathbb{F}_p)$ die Gleichung

$$s(P) = s'(P) + P' \text{ für ein } P' \in \tilde{E}_1(\mathbb{Q}_p).$$

Da ψ ein Gruppenhomomorphismus ist, folgt $\psi(pP') = p(\psi(P')) = 0$, und damit auch

$$\psi(ps(P)) = \psi(ps'(P)).$$

Außerdem ist λ ein Gruppenhomomorphismus. Für $P_1, P_2 \in E(\mathbb{F}_p)$ ist nämlich

$$s(P_1) + s(P_2) - s(P_1 + P_2)$$

im Kern von π, also in $E_1^{\sim}(\mathbb{Q}_p)$ enthalten. Genau wie im letzten Abschnitt zeigt man, daß dieses Element daher von $\psi \circ p$ auf Null abgebildet wird. Daraus folgt sofort

$$\lambda(P_1) + \lambda(P_2) = \lambda(P_1 + P_2).$$

Als Homomorphismus zwischen zwei Gruppen der Ordnung p ist λ entweder die Nullabbildung oder ein Isomorphismus. Im letzteren Fall läßt sich λ effektiv berechnen (siehe [Sa-Ar], Korollar 3.6).

Da sich das DL-Problem in $\mathbb{F}_p$ auf triviale Weise lösen läßt, kann man mit dem SSSA-Algorithmus das DL-Problem $Q = kP$ in der anomalen Kurve $E(\mathbb{F}_p)$ folgendermaßen berechnen:

1) Wähle Urbilder $\tilde{a}_i$ der Weierstraßkoeffizienten a_i von $E(\mathbb{F}_p)$ und definiere damit $\tilde{E}(\mathbb{Q}_p)$.

2) Berechne $\lambda(P)$ und $\lambda(Q)$.

3) Falls $\lambda(P) \neq 0$ ist, so ist $k \equiv \frac{\lambda(Q)}{\lambda(P)} \bmod p$. Ansonsten starte erneut bei 1).

Hier nehmen wir immer an, daß $P \neq O$ ist. Dann ist P also ein Punkt der Ordnung p in $E(\mathbb{F}_p)$ und $\lambda(P) = 0$ genau dann, wenn λ die Nullabbildung ist. Da λ ein Gruppenhomomorphismus ist, folgt aus $Q = kP$, daß $\lambda(Q) = k\lambda(P)$ ist. Falls also $\lambda(P) \neq 0$ ist, so können wir k modulo p in der Tat als $\frac{\lambda(Q)}{\lambda(P)}$ berechnen.

Der SSSA-Algorithmus hat sogar nur polynomiale Laufzeit, so daß anomale Kurven für kryptographische Zwecke gänzlich ungeeignet sind.

5. Praktische Konsequenzen

Die in Kapitel 4 vorgestellten Angriffe auf das DL-Problem auf einer elliptischen Kurve haben Konsequenzen für die Auswahl kryptographisch sicherer Kurven. Diese wollen wir im ersten Abschnitt besprechen. Danach werden kurz einige Angriffe auf das RSA-Verfahren und auf das DL-Problem in der multiplikativen Gruppe $\mathbb{F}_q^\times$ beschrieben, die effizienter sind als die allgemeinen Methoden aus Kapitel 4. Im letzten Abschnitt gehen wir noch einmal ausführlicher auf digitale Unterschriften ein.

5.1 Geeignete elliptische Kurven

Wie wählt man eine elliptische Kurve $E(\mathbb{F}_q)$ und einen Punkt $P \in E(\mathbb{F}_q)$, so daß das zugehörige DL-Problem möglichst schwer zu lösen ist? Dazu muß man die in Kapitel 4 vorgestellten Attacken berücksichtigen. Wir haben gesehen, daß die allgemeinen Verfahren 4.1.1, 4.1.2, 4.1.4 und 4.1.5 angewandt auf $E(\mathbb{F}_q)$ und einen Punkt P der Ordnung n Laufzeiten von bestenfalls $O(\sqrt{n})$ Gruppenoperationen haben. Nun ist offenbar $n \leq \#E(\mathbb{F}_q)$, also nach dem Satz von Hasse

$$n \leq q + 1 + 2\sqrt{q} = (\sqrt{q} + 1)^2.$$

Daher gilt $n = O(q)$, so daß diese Verfahren exponentielle Laufzeiten in $\log q$ haben. Man möchte die Laufzeiten hier in $\log q$ ausdrücken, da die Größe der Eingabeparameter logarithmisch in q ist. Diese sind ja Punkte in $E(\mathbb{F}_q)$, werden also durch zwei affine Koordinaten in $\mathbb{F}_q$ beschrieben.

Die beiden speziellen Verfahren, die wir in Kapitel 4 vorgestellt haben, haben dagegen subexponentielle Laufzeiten. Man kann sie allerdings durch geschickte Auswahl der elliptischen Kurve umgehen.

Damit der MOV-Algorithmus nicht funktioniert, darf die Ordnung n der Untergruppe

$$\langle P \rangle \subseteq E(\mathbb{F}_q)$$

(oder zumindest ihr größter zu $p = \text{char}\,(\mathbb{F}_q)$ teilerfremder Faktor) kein Teiler von $(q^k - 1)$ sein, falls das DL-Problem in $\mathbb{F}_{q^k}^\times$ berechenbar ist. Außerdem darf n kein Vielfaches von $p = \text{char}(\mathbb{F}_q)$ sein, um einen Angriff mit dem verallgemeinerten SSSA-Verfahren auszuschließen.

Damit das DL-Problem in $\langle P \rangle$ auch mit einem allgemeinen Verfahren nicht angreifbar ist, muß n zum Schutz vor Pohlig-Hellman einen Primteiler l haben, der so groß ist, daß das DL-Problem in einer Gruppe mit l Elementen für das Pollard-ρ- oder das BSGS-Verfahren nicht zugänglich ist. In der Praxis wird man meist n selbst schon als Primzahl wählen. Dann gilt $n > 2^{160}$ im Moment als hinreichend sicher.

5.2 Vergleich mit anderen Public Key-Verfahren

5.2.1 RSA

Wir haben in Abschnitt 1.1 schon gesehen, daß man das RSA-Verfahren zum RSA-Modulus

$$n = pq$$

brechen kann, wenn man zu gegebenem n die Primfaktoren p und q bestimmen kann. Allgemein wird die Aufgabe, zu einer gegebenen Zahl n ihre Primfaktorzerlegung zu berechnen, Faktorisierungsproblem genannt. Dieses läßt sich schrittweise lösen, wenn man über einen Algorithmus verfügt, der zu n einen nichttrivialen Teiler d bestimmt. Dann kann man nämlich, falls d und $\frac{n}{d}$ nicht prim sind, nichttriviale Teiler dieser Zahlen bestimmen usw.

Für das Faktorisierungsproblem gibt es eine ganze Reihe von Algorithmen, von denen wir hier nur einige kurz ansprechen wollen. Eine ausführliche Darstellung findet man in [Co]. Ein einfaches Verfahren ist das sogenannte $(p-1)$-Verfahren von Pollard:

$(p-1)$-**Verfahren:** Hiermit kann man alle Primfaktoren p von n finden, für die $p-1$ nur "kleine" Primteiler hat. Genauer gesagt fixiert man eine Schranke $B \geq 1$ und nennt eine ganze Zahl m

$$B\text{-glatt,}$$

falls m nur Primteiler $\leq B$ hat. Pollards $(p-1)$-Algorithmus findet dann alle Primteiler p von n, für die $(p-1)$ eine B-glatte Zahl ist. Dazu sei C das kleinste gemeinsame Vielfache aller Potenzen q^r von Primzahlen $q \leq B$, für die $q^r \leq n$ ist. Wir müssen hier also für alle $q \leq B$ die größte Primzahlpotenz $q^r \leq n$ berücksichtigen, d.h. r ist die größte ganze Zahl mit $r \log q \leq \log n$, mit anderen Worten

$$r = \left\lfloor \frac{\log n}{\log q} \right\rfloor .$$

Daher gilt

$$C = \prod_{q \leq B \text{ Primzahl}} q^{\lfloor \log n / \log q \rfloor}.$$

Falls nun p ein Primteiler von n ist, für den $(p-1)$ eine B-glatte Zahl ist, so muß $p-1$ ein Teiler von C sein.

Daher gilt nach dem kleinen Satz von Fermat

$$a^C \equiv 1 \bmod p$$

für jede zu p teilerfremde Zahl a. Der Primteiler p von n teilt also für alle zu p teilerfremden Zahlen a den Term

$$a^C - 1.$$

Daraus ergibt sich folgender Algorithmus zur Bestimmung eines Teilers von n:

1) Wähle eine ganze Zahl a mit $2 \leq a \leq n-1$, die teilerfremd zu n ist.

2) Berechne $d = \mathrm{ggT}(a^C - 1, n)$.

3) Falls $d = 1$ oder $d = n$ ist, so ist das Verfahren mit diesen Ausgangsdaten gescheitert. Ansonsten ist d ein echter Teiler von n.

Falls n keinen Primteiler p besitzt, für den $(p-1)$ eine B-glatte Zahl ist, so ist diese Methode natürlich zum Scheitern verurteilt. Entweder man probiert es dann erneut mit einem größeren B oder man geht zu einem anderen Verfahren über.

Es gibt eine Weiterentwicklung des $(p-1)$-Algorithmus, bei der die Gruppe $(\mathbb{Z}/p\mathbb{Z})^\times$ (in der man a auffassen kann) durch eine elliptische Kurve $E(\mathbb{F}_p)$ ersetzt wird. Diese Faktorisierungsmethode mit elliptischen Kurven wurde von H.W. Lenstra entwickelt (siehe [Le] und [BSS], IX.1).

Wir wollen nun noch eine andere Idee zur Faktorisierung von n vorstellen, die für eine Reihe von sehr erfolgreichen Algorithmen grundlegend ist.

Strategie: Suche nach ganzen Zahlen x und y, für die

$$x^2 \equiv y^2 \bmod n,$$

aber weder $x \equiv y \bmod n$ noch $x \equiv (-y) \bmod n$

gilt. In diesem Fall ist n ein Teiler von $x^2 - y^2$, aber weder von $x - y$ noch von $x + y$. Da

$$x^2 - y^2 = (x - y)(x + y)$$

ist, muß die Zahl

$$d = ggT(x - y, n)$$

also ein nichttrivialer Teiler von n sein. Falls n etwa wie im RSA-Algorithmus genau zwei ungerade Primteiler hat, so hat die Gleichung $x^2 \equiv y^2 \bmod n$ für gegebenes x genau vier Lösungen y, wie man mit Hilfe des Chinesischen Restsatzes sehen kann. Zwei davon, nämlich x und $-x$, sind für unsere Zwecke unbrauchbar.

Wie findet man ein solches Paar (x, y)? Die Grundstrategie einer Reihe von Algorithmen besteht in der Wahl einer sogenannten Faktorbasis, etwa der Menge

$$S = \{p_1, \ldots, p_t\}$$

der ersten t Primzahlen. Dann werden Paare ganzer Zahlen (a_i, b_i) bestimmt, so daß

$$a_i^2 \equiv b_i \bmod n$$

ist und b_i eine p_t-glatte Zahl, d.h. von der Form

$$b_i = (-1)^{e_{i0}} \prod_{j=1}^{t} p_j^{e_{ij}}$$

ist. Nun sucht man nach Produkten der b_i, die Quadrate einer natürlichen Zahl sind. Dazu genügt es, die Exponenten e_{ij} zu betrachten, deren Summe nämlich gerade sein muß, damit das entsprechende Produkt der b_i ein Quadrat ist.

Daher betrachten wir die Vektoren

$$v_i = (e_{i0} \bmod 2, e_{i1} \bmod 2, \ldots, e_{it} \bmod 2) \in \mathbb{F}_2^{t+1}.$$

Wir brauchen so viele (a_i, b_i), daß die zugehörigen Vektoren v_i linear abhängig in $\mathbb{F}_2^{t+1}$ sind. Dann gibt es eine Teilmenge I von Indizes i, so daß

$$\sum_{i \in I} v_i = 0 \text{ in } \mathbb{F}_2^{t+1}$$

gilt. Das entsprechende Produkt $b = \prod_{i \in I} b_i$ ist also Quadrat einer natürlichen Zahl

$$y = \sqrt{b}.$$

Weiterhin ist die Zahl

$$\prod_{i \in I} a_i^2 \equiv \prod_{i \in I} b_i \equiv b \bmod n$$

definitionsgemäß das Quadrat von

$$x = \prod_{i \in I} a_i.$$

Wir haben also ein Paar (x, y) gefunden mit $x^2 \equiv y^2 \bmod n$.

Falls $x \not\equiv \pm y \bmod n$, so können wir wie oben beschrieben einen nichttrivialen Teiler von n angeben. Ansonsten müssen wir das Verfahren mit einer anderen Linearkombination der v_i oder mit anderen Daten (a_i, b_i) wiederholen.

In dieser Beschreibung der Grundidee haben wir allerdings noch nichts zur Wahl der Menge S, der Zahlen (a_i, b_i) oder zur Bestimmung der Indexmenge I gesagt.

Dazu gibt es verschiedene erfolgreiche Methoden, etwa das quadratische Sieb (siehe [Bu], 8.3) oder das Zahlkörpersieb (siehe [Co], 10.5). Unter einigen plausiblen Annahmen kann von beiden Verfahren gezeigt werden, daß sie subexponentielle Laufzeit haben.

Da es für eine geschickt ausgewählte elliptische Kurve keinen Algorithmus subexponentieller Laufzeit für das DL-Problem gibt, kommt man bei kryptographischen Verfahren mit elliptischen Kurven bei gleicher Sicherheit mit kürzeren Schlüssellängen aus als bei RSA. So gelten z.B. das RSA-Verfahren mit einem Modulus n der Größenordnung 2^{1024} (d.h. es werden 1024 Bits zum Speichern von n gebraucht) und elliptische Kurven $E(\mathbb{F}_q)$ mit einem Element $P \in E(\mathbb{F}_q)$, dessen Ordnung die Größenordnung 2^{139} hat, als berechnungsmäßig äquivalent. Diese und viele weitere Berechnungen von Schlüssellängen finden sich in [Le-Ver]. Zudem wächst die Schlüssellänge bei elliptischen Kurven mit steigendem Sicherheitsbedürfnis wesentlich langsamer an als die Schlüssellänge beim RSA-Verfahren. Das macht elliptische Kurven vor allem in Anwendungen für Medien mit begrenzter Speicherkapazität attraktiv.

5.2.2 DL-Verfahren in $\mathbb{F}_q^{\times}$

Statt der Punktegruppen $E(\mathbb{F}_q)$ zu elliptischen Kurven über endlichen Körpern kann man auch die multiplikativen Gruppen $\mathbb{F}_q^{\times}$ endlicher Körper auf ihre kryptographische Verwendbarkeit untersuchen. Dazu muß man das DL-Problem in solchen Gruppen studieren.

Zunächst lassen sich natürlich alle in 4.1 beschriebenen allgemeinen Angriffe auch für die Gruppe $\mathbb{F}_q^{\times}$ durchführen. Damit gelangt man aber nur zu Algorithmen exponentieller Laufzeit.

Es gibt für die Gruppe $\mathbb{F}_q^{\times}$ allerdings effektivere Verfahren, nämlich die sogenannten

Indexkalkül Methoden: Wir beschreiben diese Verfahren hier der Einfachheit halber nur für die multiplikativen Gruppen $\mathbb{F}_p^{\times}$ von Primkörpern der Charakteristik größer als 2, d.h. es sei $q = p$ eine Primzahl > 2.

Wir wollen das DL-Problem in der Gruppe $\mathbb{F}_p^{\times}$ lösen, also sei g ein Erzeuger dieser zyklischen Gruppe und

$$h = g^k$$

ein beliebiges Element in $\mathbb{F}_p^{\times}$. Gesucht ist wie immer der Wert

$$k \bmod (p-1).$$

Wir wählen eine Schranke t und bestimmen die Menge $S = \{p_1, \ldots, p_t\}$ der ersten t Primzahlen. In einem ersten Schritt, der für festes G, g und S nur einmal durchgeführt werden muß, werden die diskreten Logarithmen der Restklassen

$$\overline{p}_i = p_i \bmod p$$

bezüglich des erzeugenden Elementes g bestimmt. Wir schreiben hier

$$l = \log_g p_i, \text{ falls } \overline{p}_i = g^l \text{ in } \mathbb{F}_p^\times$$

ist. Dazu versucht man, lineare Abhängigkeiten zwischen den $\log_g p_i$ zu finden, so daß man diese diskreten Logarithmen durch Lösen eines linearen Gleichungssystems bestimmen kann. Hierfür wählt man ein $l \in \{1, \ldots, p-1\}$ und berechnet g^l. Wir bezeichnen der Einfachheit halber mit g^l auch den zugehörigen Vertreter in $\{0, \ldots, p-1\}$. Diesen versucht man nun, allein durch Primfaktoren in S zu faktorisieren. Falls dies gelingt, so ist

$$g^l = \prod_{i=1}^{t} p_i^{e_i}$$

mit gewissen Exponenten $e_i \geq 0$.

Wir gehen nun wieder zu Restklassen modulo p über und erhalten folgende lineare Gleichung:

$$l \equiv \sum_{i=1}^{t} e_i \log_g p_i \bmod (p-1).$$

Dies wiederholen wir so lange für verschiedene l, bis wir ein Gleichungssystem zusammengesammelt haben, das eine eindeutige Lösung besitzt. So können wir die $\log_g p_i$ berechnen.

Nach dieser Vorbereitung können wir nun den diskreten Logarithmus eines beliebigen $h = g^k$ bestimmen, indem wir ein $l \in \{1, \ldots, p-1\}$ wählen und versuchen, den Vertreter von hg^l in $\{0, \ldots, p-1\}$ alleine durch Primfaktoren in S zu faktorisieren. Gelingt dies, so gilt in der Gruppe $\mathbb{F}_p^\times$

$$hg^l = \prod_{i=1}^{t} \overline{p}_i^{m_i} = \prod_{i=1}^{t} g^{(\log_g p_i)m_i}$$

mit gewissen $m_i \geq 0$.

Daraus folgt

$$k + l \equiv \sum_{i=1}^{t} m_i (\log_g p_i) \bmod (p-1),$$

womit wir k berechnen können, da wir die $\log_g p_i$ schon kennen.

Damit dieser Algorithmus funktioniert, muß die Faktorbasis S so gewählt werden, daß einerseits "genug" Elemente in G eine Primfaktorzerlegung haben, in der nur Elemente aus S vorkommen, und sich andererseits diese Zerlegung effektiv berechnen läßt. Dies ist in der Tat so möglich, daß der Indexkalkül-Algorithmus subexponentielle Laufzeit hat. Außerdem läßt sich die Idee, zunächst die diskreten Logarithmen einer geeigneten Faktorbasis zu bestimmen, auch anwenden, um einen subexponentiellen Algorithmus für die Gruppen $\mathbb{F}_{2^m}^{\times}$, $m \geq 1$, und (unter gewissen plausiblen Annahmen) für allgemeine multiplikative Gruppen $\mathbb{F}_q^{\times}$ endlicher Körper zu entwickeln. Für eine Übersicht über diese Verfahren und für Hinweise auf die Originalliteratur siehe [Hb], S. 128f, und [Le-Le], Abschnitt 3.

Bisher ist es nicht gelungen, ein Analogon zum Indexkalkül-Algorithmus zu entwickeln, um das DL-Problem auf einer elliptischen Kurve anzugreifen. Es gibt sogar theoretische Argumente, die gegen den Erfolg eines solchen Projektes sprechen, siehe [Ko], Abschnitt 5.

5.3 ECDSA

ECDSA steht für "Elliptic Curve Digital Signature Algorithm", es handelt sich hierbei also um ein Verfahren für digitale Signaturen mit elliptischen Kurven. In den letzten Jahren ist es von verschiedenen Institutionen standardisiert worden. Wir wollen hier kurz einige Grundzüge dieser Standards erläutern. Eine ausführliche Beschreibung findet sich in [JMV].

Zunächst müssen die Ausgangsparameter festgelegt werden, die angeben, auf welcher elliptischen Kurve gearbeitet werden soll. Genauer gesagt, handelt es sich bei den Ausgangsparametern um ein Tupel

$$(q, a, b, x, y, n, h)$$

mit folgenden Eigenschaften:

- q ist entweder eine ungerade Primzahl $q = p$ oder eine Zweierpotenz $q = 2^m$ und gibt den Grundkörper $\mathbb{F}_q$ an.

- a und b sind Elemente in $\mathbb{F}_q$, die die affine Weierstraßgleichung der zugrundeliegenden elliptischen Kurve festlegen:

Im Fall $q = p > 2$ ist $E(\mathbb{F}_q)$ gegeben durch

$$y^2 = x^3 + ax + b$$

und im Fall $q = 2^m$ durch

$$y^2 + xy = x^3 + ax^2 + b.$$

Nach 2.3.2 können wir für $q = p > 3$ immer annehmen, daß $E(\mathbb{F}_q)$ durch eine Weierstraßgleichung dieser Form gegeben wird. (Der Fall $p = 3$ ist für praktische Zwecke uninteressant, da $E(\mathbb{F}_3)$ viel zu wenig Elemente hat, nach dem Satz von Hasse nämlich höchstens 7.)

Falls $q = 2^m$ und $E(\mathbb{F}_q)$ nicht supersingulär ist, so können wir nach 2.3.2 und 3.4.4 ebenfalls annehmen, daß die Weierstraßgleichung von der oben angegebenen Form ist. Dies ist ausreichend, da supersinguläre Kurven für kryptographische Zwecke ohnehin ungeeignet sind (siehe 4.2.1).

- x und y sind Elemente in $\mathbb{F}_q$, die die affinen Koordinaten eines Punktes $P = (x, y)$ in $E(\mathbb{F}_q)$ angeben.

- n sei die Ordnung dieses Punktes P. Wir verlangen außerdem, daß n eine Primzahl ist und den Abschätzungen

$$n > 2^{160} \text{ und } n > 4\sqrt{q}$$

genügt. Darüberhinaus soll n für alle $k = 1, 2, \ldots, 20$ kein Teiler von $q^k - 1$ und ungleich q sein.

- Die Zahl h sei der sogenannte Kofaktor

$$h = \frac{\#E(\mathbb{F}_q)}{n}.$$

Die Bedingung $n > 2^{160}$ sorgt hier dafür, daß das DL-Problem in der Untergruppe $\langle P \rangle$ nicht mit dem Pollard-ρ-Verfahren angreifbar ist. Da n kein Teiler von $(q^k - 1)$ ist für genügend viele k, kann man den MOV-Algorithmus nicht einsetzen, und da $n \neq q$ ist (das ist natürlich nur eine Bedingung für $q = p > 2$), greift auch der SSSA-Algorithmus nicht.

Die Abschätzung $n > 4\sqrt{q}$ rührt daher, daß wir letztendlich nur die Untergruppe $\langle P \rangle$ von $E(\mathbb{F}_q)$ in kryptographischen Verfahren benutzen, unsere Berechnungen (wie etwa von kP) aber in $E(\mathbb{F}_q)$, d.h. in affinen Koordinaten in $\mathbb{F}_q \times \mathbb{F}_q$ durchführen müssen. Dies erfordert um so mehr Speicherplatz und Rechenzeit, je größer q ist. Auf der anderen Seite soll n natürlich für festes q möglichst groß sein, um das DL-Problem in $\langle P \rangle$ so schwer wie möglich zu machen. Die Bedingung $n > 4\sqrt{q}$ sorgt dafür, daß dies der Fall ist. Der Kofaktor h ist somit "klein", wir können ihn mit dem Satz von Hasse abschätzen durch

$$ h < \frac{q + 1 + 2\sqrt{q}}{4\sqrt{q}}. $$

Man kann zu diesen Parametern auch noch einen Eintrag hinzunehmen, der spezifiziert, wie Elemente in $\mathbb{F}_q$ dargestellt werden sollen. Falls $q = p > 2$ ist, so nimmt man üblicherweise das Vertretersystem $\{0, 1, \dots, p-1\}$ von $\mathbb{F}_p$. Falls $q = 2^m$ ist, so kann man $\mathbb{F}_{2^m}$ mit Bitstrings der Länge m identifizieren, wenn man z.B. das zugehörige irreduzible Polynom kennt (siehe 6.6). Dieses kann den Parametern hinzugefügt werden.

Die Kurvenparameter a und b können entweder speziell so gewählt werden, daß sich Berechnungen auf der elliptischen Kurve $E(\mathbb{F}_q)$ einfach durchführen lassen, oder sie können zufällig erzeugt werden. Letzteres läßt sich sogar so durchführen, daß eine andere Instanz nachprüfen kann, ob a und b wirklich zufällig gewählt sind. Wird das gewünscht, so kann man den Parametern noch entsprechende Daten hinzufügen, mit denen dies möglich ist. (Für weitere Einzelheiten sei auf [JMV] verwiesen.)

Zufällig gewählte elliptische Kurven sollten resistent sein gegenüber zukünftig vielleicht entwickelten Algorithmen, die das DL-Problem auf Kurven mit besonderen Eigenschaften lösen (so wie heute MOV oder SSSA). Wenn die zufällige Erzeugung nachprüfbar ist, so kann ausgeschlossen werden, daß ein Betrüger spezielle schwache Kurven einschleust, um die privaten Schlüssel zu erbeuten.

Auf der Basis dieser Ausgangsparameter wird nun für jeden Nutzer A zufällig eine Zahl

$$ d \in \{1, 2, \dots, n-1\} $$

gewählt und der Punkt

$$Q = dP \text{ in } E(\mathbb{F}_q)$$

berechnet. Die Zahl d ist dann As privater Schlüssel, der Punkt Q ist As öffentlicher Schlüssel.

Um die Nachricht m zu unterschreiben, die als Bitstring gegeben sei, geht A alias Alice nun folgendermaßen vor:

1) Sie wählt zufällig eine Zahl $k \in \{1, 2, \ldots, n-1\}$.

2) Sie berechnet $kP = (x, y)$ und konvertiert die erste Koordinate x folgendermaßen in eine ganze Zahl x':

   Wenn $q = p > 2$ ist, so ist $x \in \mathbb{F}_p$, und x' ist einfach der Vertreter von x in $\{0, 1, \ldots, p-1\}$.

   Wenn $q = 2^m$ ist, so ist $x \in \mathbb{F}_{2^m}$ gegeben durch einen Vektor $(a_{m-1}, \ldots, a_0)$ über $\mathbb{F}_2$ der Länge m. Hier sei x' die Zahl

   $$x' = \sum_{i=0}^{m-1} a_i 2^i.$$

3) Sie berechnet die Restklasse

   $$r = x' \bmod n \text{ in } \mathbb{Z}/n\mathbb{Z}.$$

   Falls $r = 0$ ist, so beginnt sie erneut bei 1). (Würde man hier trotzdem die Schritte 4) - 7) ausführen, so käme Alice' privater Schlüssel d in der Unterschrift nämlich gar nicht vor.)

4) Ansonsten berechnet sie k^{-1} in $\mathbb{Z}/n\mathbb{Z}$. (Da n eine Primzahl ist, ist k invertierbar modulo n.)

5) Dann berechnet sie $h(m)$ für eine vorher festgelegte Hashfunktion h (z.B. die Funktion $h = $ SHA-1, siehe [Hb], §9.4), die ihre Werte in der Menge $\{0, 1\}^N$ annimmt. Indem man den Bitstring

   $$h(m) = (a_0, \ldots, a_{N-1})$$

   als die Binärentwicklung einer ganzen Zahl auffasst, erhält man

   $$e = \sum_{i=0}^{N-1} 2^i a_{N-1-i}.$$

6) Nun berechnet sie die Restklasse

$$s = k^{-1}(e + rd) \bmod n$$

mit Hilfe ihres privaten Schlüssels d. Falls $s = 0$, also nicht invertierbar in $\mathbb{Z}/n\mathbb{Z}$ ist, so beginnt sie erneut bei 1). (Die Invertierbarkeit von s wird bei der Verifikation der Unterschrift gebraucht.)

7) Falls nicht, so ist Alice' Unterschrift für m das Paar (r, s).

Um diese Unterschrift zu prüfen, muß der Nutzer B alias Bob zunächst die Ausgangsparameter (q, a, b, x, y, n, h) und Alice' öffentlichen Schlüssel Q erhalten. Hier muß Bob allerdings sicher sein, daß er wirklich Alice' öffentlichen Schlüssel bekommt. Gelingt es nämlich der Betrügerin Eva, ihm ihren öffentlichen Schlüssel als Alice' Schlüssel unterzuschieben, so kann Eva in Alice' Namen gültige Unterschriften erzeugen.

Dieses Problem läßt sich dadurch umgehen, daß sich jeder Teilnehmer bei einer vertrauenswürdigen Instanz, einer sogenannten "Certification Authority" (abgekürzt CA) registrieren läßt. Von dieser erhält Bob dann quasi eine beglaubigte Kopie von Alice öffentlichem Schlüssel. Wie das genauer funktioniert, kann man in [Bu], Abschnitt 14.2 nachlesen.

Um Alice' Unterschrift (r, s) unter m zu prüfen, geht Bob nun folgendermaßen vor:

1) Er prüft nach, ob r und s in der Menge $\{1, 2, \ldots, n - 1\}$ liegen.

2) Er berechnet den Hashwert $h(m)$ und daraus die Zahl e.

3) Dann berechnet er das Inverse $w = s^{-1}$ in $\mathbb{Z}/n\mathbb{Z}$ sowie den Punkt

$$R = w(eP + rQ)$$

in $E(\mathbb{F}_q)$.

4) Falls $R = O$ ist, so ist die Unterschrift ungültig. Andernfalls ist $R = (x_1, y_1)$ ein affiner Punkt auf $E(\mathbb{F}_q)$. Bob wandelt die erste Koordinate x_1 wie oben beschrieben in eine ganze Zahl x_1' um.

5) Falls $(x_1' \bmod n) = r$ ist, so akzeptiert er Alice' Unterschrift, andernfalls nicht.

Falls die Unterschrift wirklich von Alice stammt, so ist

$$s = k^{-1}(e + rd) \bmod n,$$

also gilt $wk^{-1}(e + rd) \equiv 1 \bmod n$, somit auch $w(e + rd) \equiv k \bmod n$. Daher folgt

$$R = w(eP + rQ) = w(e + rd)P = kP,$$

so daß die x-Koordinaten beider Punkte und damit auch x_1' mod n und r gleich sind.

Damit Bob Alice' Unterschrift akzeptiert, muß umgekehrt das Bild des Punktes $R = w(eP + rQ)$ unter der Abbildung

$$\psi : E(\mathbb{F}_q)\backslash\{O\} \longrightarrow \mathbb{Z}/n\mathbb{Z}$$
$$(x_1, y_1) \longmapsto x_1' \bmod n$$

gleich r sein, wobei x_1' die ganze Zahl zu $x_1 \in \mathbb{F}_q$ ist (für $q = p$ also der Vertreter in $\{0, 1, \ldots, p - 1\}$ und für $q = 2^m$ die Zahl, deren Binärentwicklung durch x_1 gegeben ist).

Diese Abbildung ψ ist zwar nicht bijektiv (so haben ja z.B. die Punkte P und $-P$ dieselbe x-Koordinate), jedoch ist die Urbildmenge jedes Wertes klein genug, so daß es unwahrscheinlich ist, daß $\psi(R)$ und $r = \psi(kP)$ übereinstimmen, ohne daß $R = kP$ gilt.

Wenn $R = kP$ ist, so erhalten wir wie oben

$$w(e + rd) \equiv k \bmod n,$$

woraus $s \equiv k^{-1}(e + dr) \bmod n$ folgt, was nur Alice berechnet haben kann.

6. Anhang: Mathematische Grundlagen

Um den Haupttext besser zugänglich zu machen, wollen wir in diesem Anhang einige grundlegende mathematische Tatsachen zusammenstellen. Wir verzichten dabei weitgehend auf Beweise und auf Literaturhinweise. Die Aussagen in 6.1 bis 6.8 sollten sich in den gängigen Lehrbüchern zur Algebra bzw. elementaren Zahlentheorie finden lassen. Eine ausführliche Quelle zu endlichen Körpern ist [Li-Nie]. Informationen über p-adische Zahlen findet man in [Am].

6.1 Ganze Zahlen

Wir schreiben wie üblich

$$\mathbb{N} = \{1, 2, 3, 4, \ldots\}$$

für die Menge der natürlichen Zahlen und

$$\mathbb{Z} = \{\ldots, -3, -2, -1, 0, 1, 2, 3, \ldots\}$$

für die Menge der ganzen Zahlen.

Mit $\mathbb{Q}, \mathbb{R}$ bzw. $\mathbb{C}$ bezeichnen wir die rationalen, reellen bzw. komplexen Zahlen. Für eine reelle Zahl x schreiben wir $[x]$ für die größte Zahl, die kleiner oder gleich x ist, und $\lceil x \rceil$ für die kleinste ganze Zahl, die größer oder gleich x ist.

Eine natürliche Zahl $p \geq 2$ heißt **Primzahl**, falls sie als Teiler nur 1 und p besitzt.

Jede ganze Zahl $n \geq 2$ hat eine Zerlegung in Primfaktoren, d.h. wir können n schreiben als Produkt

$$n = p_1^{\lambda_1} \cdot \ldots \cdot p_t^{\lambda_t}$$

mit paarweise verschiedenen Primzahlen $p_1, \ldots, p_t$ und natürlichen Exponenten λ_i. Abgesehen von der Reihenfolge der Faktoren ist diese Darstellung eindeutig.

Eine weitere wichtige Eigenschaft ganzer Zahlen ist die sogenannte g-**adische Entwicklung**. Dazu sei $g \geq 2$ eine beliebige natürliche Zahl. Dann können wir jede natürliche Zahl n schreiben als Linearkombination von Potenzen von g:

$$n = a_r g^r + a_{r-1} g^{r-1} + \ldots + a_1 g + a_0$$

mit Koeffizienten $a_0, \ldots, a_r$ aus $\{0, \ldots, g-1\}$, wobei $a_r \neq 0$ ist. Die Folge $(a_r \ldots a_0)$ ist sogar eindeutig bestimmt. Außerdem ist $r = [\log_g n]$, wobei $\log_g$ den Logarithmus zur Basis g bezeichnet, die Folge $(a_r \ldots a_0)$ besteht also aus $([\log_g n] + 1)$-vielen Elementen.

Für $g = 10$ ist $(a_r \ldots a_0)$ gerade die Folge der Ziffern in unserer Dezimalschreibweise, so ist z.B.

$$1234 = 1 \cdot 10^3 + 2 \cdot 10^2 + 3 \cdot 10 + 4 \, .$$

Für $g = 2$ nennen wir die Folge $(a_r \ldots a_0)$ von Nullen und Einsen die **Binärentwicklung** der Zahl n. Sie hat die Länge $[\log_2 n] + 1$. So ist z.B.

$$16 = 1 \cdot 16 + 0 \cdot 8 + 0 \cdot 4 + 0 \cdot 2 + 0 \cdot 1 \, , \quad \text{das entspricht } 10000, \quad \text{und}$$
$$43 = 1 \cdot 32 + 0 \cdot 16 + 1 \cdot 8 + 0 \cdot 4 + 1 \cdot 2 + 1 \, , \quad \text{das entspricht } 101011 \, .$$

Eine weitere wichtige Eigenschaft ganzer Zahlen ist die **Division mit Rest**: Für eine ganze Zahl a und eine natürliche Zahl b gibt es eindeutig bestimmte ganze Zahlen q und r, so daß $0 \leq r < b$ ist, und sich a schreiben läßt als

$$a = qb + r \, .$$

Die Zahl r heißt auch Rest der Division von a durch b.

Für zwei ganze Zahlen a und b nennen wir die größte natürliche Zahl d, die sowohl a als auch b teilt, den **größten gemeinsamen Teiler** von a und b. Wir bezeichnen sie mit

$$d = \operatorname{ggT}(a, b) \, .$$

Falls $\operatorname{ggT}(a, b) = 1$ ist, so nennen wir a und b teilerfremd.

Lemma 6.1.1 *Der größte gemeinsame Teiler von a und b läßt sich linear aus a und b kombinieren, d.h. es gibt ganze Zahlen x und y mit*

$$xa + yb = \mathrm{ggT}(a, b) \,.$$

Der größte gemeinsame Teiler d von a und b läßt sich mit Hilfe des **Euklidischen Algorithmus** berechnen, den wir nun vorstellen wollen. Da offenbar $\mathrm{ggT}(0, b) = |b|$ ist, können wir annehmen, daß a und b von Null verschieden sind. Nun bestimmen wir induktiv eine Folge nicht-negativer ganzer Zahlen r_k wie folgt: Zunächst sei

$$r_0 = |a| \quad \text{und} \quad r_1 = |b|.$$

Sind $r_0, r_1, \ldots, r_k$ konstruiert und $r_k \neq 0$, so sei

r_{k+1} der Rest bei der Division von r_{k-1} durch r_k,

d.h. es ist

$$0 \leq r_{k+1} < r_k \quad \text{und} \quad r_{k-1} = q_k r_k + r_{k+1}$$

für eine ganze Zahl q_k. Dies wird so lange durchgeführt, bis wir ein n erreichen mit $r_n = 0$. In diesem Fall ist r_{n-1} der gesuchte größte gemeinsame Teiler von a und b. Wieso funktioniert dieses Verfahren? Nun, aus der Konstruktion von r_{k+1} folgt, daß ein gemeinsamer Teiler von r_{k-1} und r_k auch ein gemeinsamer Teiler von r_k und r_{k+1} ist und umgekehrt. Daher gilt

$$\mathrm{ggT}(r_{k-1}, r_k) = \mathrm{ggT}(r_k, r_{k+1}).$$

Außerdem ist die Folge der nicht-negativen ganzen Zahlen r_k streng monoton fallend, so daß es in der Tat ein n mit $r_n = 0$ geben muß. Insgesamt gilt also

$$\mathrm{ggT}(a, b) = \mathrm{ggT}(r_0, r_1) = \mathrm{ggT}(r_1, r_2) = \ldots = \mathrm{ggT}(r_{n-1}, 0) = r_{n-1}.$$

Der Euklidische Algorithmus läßt sich außerdem noch erweitern, um auch Zahlen x und y mit

$$xa + yb = \mathrm{ggT}(a, b)$$

zu bestimmen. Dazu nehmen wir ohne Einschränkung an, daß a und b positiv sind und setzen außer $r_0 = a$ und $r_1 = b$ noch

$$x_0 = 1, x_1 = 0, y_0 = 0 \text{ und } y_1 = 1.$$

Solange $r_k \neq 0$ ist, bestimmen wir nun wie oben r_{k+1} und q_k und setzen

$$x_{k+1} = x_{k-1} - q_k x_k \quad \text{und} \quad y_{k+1} = y_{k-1} - q_k y_k.$$

Eine leichte Induktion zeigt nun

$$r_k = x_k a + y_k b$$

für alle $k = 0, 1, \ldots, n-1$. Für $x = x_{n-1}$ und $y = y_{n-1}$ gilt also

$$\mathrm{ggT}\,(a, b) = r_{n-1} = xa + yb.$$

Für eine Abschätzung des Zeit- und Platzbedarfs dieses Algorithmus sei auf [Bu], 1.10 verwiesen.

6.2 Kongruenzen

Es seien a und b zwei ganze Zahlen und n eine natürliche Zahl. Dann nennen wir a kongruent zu b modulo n und notieren dies als

$$a \equiv b \bmod n \,,$$

falls n ein Teiler der Differenz $(a - b)$ ist.

Für jede ganze Zahl a nennen wir die Menge aller ganzen Zahlen b mit

$$a \equiv b \bmod n$$

die Restklasse von a modulo n.

Wenn wir mit $n\mathbb{Z}$ alle Vielfachen von n bezeichnen, also

$$n\mathbb{Z} = \{\ldots, -2n, -n, 0, n, 2n, \ldots\} \,,$$

so ist die Restklasse von a modulo n gerade

$$a + n\mathbb{Z} \,.$$

Wir bezeichnen sie oft auch mit $a \bmod n$.

Zwei solche Restklassen $a + n\mathbb{Z}$ und $a' + n\mathbb{Z}$ sind entweder gleich (nämlich dann, wenn $a \equiv a' \bmod n$ ist), oder aber sie haben kein Element gemeinsam.

Die Menge aller Restklassen modulo n bezeichnen wir mit

$$\mathbb{Z}/n\mathbb{Z}.$$

Wir haben dann eine natürliche Abbildung

$$\rho : \mathbb{Z} \longrightarrow \mathbb{Z}/n\mathbb{Z}$$
$$a \longmapsto a + n\mathbb{Z} \quad (\text{ oder auch } a \longmapsto a \bmod n),$$

die jeder ganzen Zahl ihre Restklasse zuordnet. Wir nennen a auch einen Vertreter der Restklasse $a + n\mathbb{Z}$.

Oft fassen wir einfach ganze Zahlen als Elemente in $\mathbb{Z}/n\mathbb{Z}$ auf, dann geschieht dies immer durch Anwenden der Abbildung ρ.

Wieviele Restklassen gibt es, d.h. wieviele Elemente hat $\mathbb{Z}/n\mathbb{Z}$? Betrachten wir für $a \in \mathbb{Z}$ die Division mit Rest von a durch n, so ist

$$a = qn + r$$

mit einem Rest $r \in \{0, \ldots, n-1\}$. Also ist $a \equiv r \bmod n$. Außerdem sieht man leicht, daß r die einzige Zahl in $\{0, \ldots, n-1\}$ ist, die kongruent zu a modulo n ist.

Daher gibt es für jede ganze Zahl a genau ein $r \in \{0, \ldots, n-1\}$, so daß die Restklasse von a mit der Restklasse von r übereinstimmt, d.h. so daß $a + n\mathbb{Z} = r + n\mathbb{Z}$ gilt.

Also besteht $\mathbb{Z}/n\mathbb{Z}$ aus den n Restklassen

$$n\mathbb{Z}, 1 + n\mathbb{Z}, \ldots, (n-1) + n\mathbb{Z}.$$

Daher ist $\rho : \{0, 1, \ldots, n-1\} \to \mathbb{Z}/n\mathbb{Z}$ eine Bijektion. Mit dieser Abbildung identifiziert man manchmal stillschweigend $\mathbb{Z}/n\mathbb{Z}$ mit $\{0, 1, \ldots, n-1\}$.

Eine sehr nützliche Tatsache über Kongruenzen ist der sogenannte Chinesische Restsatz:

Satz 6.2.1 (Chinesischer Restsatz) *Es seien $n_1, \ldots, n_t$ paarweise teilerfremde natürliche Zahlen und $b_1, \ldots, b_t$ beliebige ganze Zahlen. Dann gibt es eine ganze Zahl a mit*

$$a \equiv b_1 \bmod n_1 ,$$
$$a \equiv b_2 \bmod n_2 ,$$
$$\ldots$$
$$a \equiv b_t \bmod n_t .$$

Außerdem ist a modulo $n = n_1 n_2 \ldots n_t$ eindeutig bestimmt, d.h. wenn sowohl a und a' die obigen Kongruenzen erfüllen, so gilt

$$a \equiv a' \bmod n .$$

Man kann den Chinesischen Restsatz auch so ausdrücken: Die Abbildung

$$\mathbb{Z}/n\mathbb{Z} \longrightarrow \mathbb{Z}/n_1\mathbb{Z} \times \ldots \times \mathbb{Z}/n_t\mathbb{Z}$$
$$a \bmod n \longmapsto (a \bmod n_1, \ldots, a \bmod n_t)$$

ist eine Bijektion.

In der Situation von 6.2.1 läßt sich eine Zahl a, die simultan die Kongruenzen

$$a \equiv b_1 \bmod n_1, \ldots, a \equiv b_t \bmod n_t$$

erfüllt, folgendermaßen berechnen: Wir setzen für $i = 1, \ldots, t$

$$m_i = \frac{n}{n_i} = \prod_{j \neq i} n_j.$$

Dann gilt ggT $(n_i, m_i) = 1$, da $n_1, \ldots, n_t$ paarweise teilerfremd sind. Also kann man mit Hilfe des erweiterten euklidischen Algorithmus (siehe 6.1) ganze Zahlen x_i und y_i berechnen mit $x_i n_i + y_i m_i = 1$. Für dieses y_i gilt also

$$y_i m_i \equiv 1 \bmod n_i.$$

Nun setzen wir

$$a = \sum_{i=1}^{t} b_i y_i m_i.$$

Da n_j für alle $j \neq i$ ein Teiler von m_j ist, folgt offenbar

$$a \equiv b_i y_i m_i \equiv b_i \bmod n_i.$$

Daher löst diese Zahl a die gegebenen Kongruenzen. Für eine Abschätzung des Zeit- und Platzbedarfs dieses Verfahrens siehe [Bu], 2.15.

6.3 Gruppen

Definiton 6.3.1 *Eine Gruppe ist eine Menge G zusammen mit einer Verknüpfung*

$$G \times G \longrightarrow G$$
$$(a,b) \longmapsto a \circ b \,,$$

die folgende Axiome erfüllt:

i) (Assoziativität) Es ist $a \circ (b \circ c) = (a \circ b) \circ c$ für alle $a, b, c \in G$.

ii) (neutrales Element) Es gibt ein Element $e \in G$ mit $a \circ e = e \circ a = a$ für alle $a \in G$.

iii) (Inverses) Für jedes $a \in G$ existiert ein $b \in G$ mit $a \circ b = b \circ a = e$.

Falls G zusätzlich die Bedingung

iv) (Kommutativität) Es ist $a \circ b = b \circ a$ für alle $a, b \in G$

erfüllt, so heißt G abelsche Gruppe.

Ein einfaches Beispiel für eine Gruppe ist die Menge $\mathbb{R}^{\times} = \mathbb{R} \setminus \{0\}$ zusammen mit der Multiplikation. Hier ist 1 das neutrale Element und $\frac{1}{a}$ das Inverse zu a.

Ein weiteres Beispiel ist die Menge $\mathbb{Z}/n\mathbb{Z}$ der Restklassen modulo einer natürlichen Zahl n zusammen mit der Operation

$$+ : \mathbb{Z}/n\mathbb{Z} \times \mathbb{Z}/n\mathbb{Z} \longrightarrow \mathbb{Z}/n\mathbb{Z} \,,$$

die wie folgt definiert ist:

$$(a + n\mathbb{Z}) + (b + n\mathbb{Z}) = (a + b) + n\mathbb{Z} \,.$$

Man kann leicht nachrechnen, daß dies wohldefiniert ist (d.h. nicht von der Wahl der Vertreter a und b der Restklassen abhängt) und $\mathbb{Z}/n\mathbb{Z}$ zu einer abelschen Gruppe macht. Das neutrale Element ist $0 = 0 + n\mathbb{Z}$ und das Inverse zu a mod n ist $(-a)$ mod n.

Wir werden es immer mit Gruppen zu tun haben, deren Verknüpfung wie in den Beispielen durch Multiplikation oder Addition gegeben ist, daher schreiben wir einfach $a + b$ oder $ab = a \cdot b$ für die Verknüpfung $\circ$.

Es sei nun G eine Gruppe, deren Verknüpfung wir additiv schreiben.

Falls die Menge G aus endlich vielen Elementen besteht, so nennt man die Anzahl der Elemente in G auch die **Ordnung von** G und bezeichnet sie mit $\mathrm{ord}\,(G)$. So ist z.B.

$$\mathrm{ord}\,(\mathbb{Z}/n\mathbb{Z}) = n \,.$$

Eine Teilmenge H von G heißt Untergruppe von G, falls H eine Gruppe bezüglich der auf H eingeschränkten Gruppenoperation von G ist.

Ist G endlich, so ist die Ordnung jeder Untergruppe ein Teiler der Ordnung von G. Diese Aussage heißt auch **Satz von Lagrange**.

Für jedes Element a von G definieren wir

$$ka = \begin{cases} \underbrace{a + \ldots + a}_{k} & , \text{falls } k > 0 \\ 0 & , \text{falls } k = 0 \\ -\underbrace{(a + \ldots + a)}_{-k} & , \text{falls } k < 0 \,. \end{cases}$$

Dann ist die Teilmenge aller Vielfachen von a

$$\langle a \rangle = \{ka : k \in \mathbb{Z}\}$$

eine Untergruppe von G.

Eine Gruppe H, für die es ein $a \in H$ mit $H = \langle a \rangle$ gibt, nennt man zyklisch. Das Element a heißt dann auch Erzeuger von H. Jede Untergruppe einer zyklischen Gruppe ist selbst wieder zyklisch. Ein Beispiel für eine zyklische Gruppe ist die Gruppe $\mathbb{Z}/n\mathbb{Z}$, die etwa von dem Element $1+n\mathbb{Z}$ erzeugt wird. In einer beliebigen Gruppe G erzeugt jedes $a \in G$ die zyklische Untergruppe $\langle a \rangle$. Falls diese endlich ist, so nennt man ihre Ordnung auch die **Ordnung von** a und bezeichnet sie mit $\mathrm{ord}\,(a)$.

Nach dem Satz von Lagrange ist $\mathrm{ord}\,(a)$ ein Teiler der Ordnung von G, falls G endlich ist. Außerdem gilt folgende einfache, aber wichtige Aussage über die Ordnung von $a \in G$:

Lemma 6.3.2 $m = \text{ord}(a)$ *ist die kleinste natürliche Zahl mit* $ma = 0$. *Außerdem gilt* $ka = 0$ *genau dann, wenn* $\text{ord}(a)$ *ein Teiler von* k *ist.*

Beweis: Da wir annehmen, daß $\langle a \rangle$ endlich ist, können nicht alle ka verschieden sein. Falls $k_1 a = k_2 a$ gilt, so folgt $(k_1 - k_2)a = 0$. Es gibt also natürliche Zahlen, die a annulieren. Es sei m die kleinste solche Zahl.

Angenommen, ka sei gleich 0. Nach Division mit Rest durch m gilt

$$k = qm + r$$

für ein $r \in \{0, \ldots, m-1\}$. Dann ist auch $ra = 0$. Wegen der Minimalität von m kann r keine natürliche Zahl sein, so daß $r = 0$ und m ein Teiler von k ist. Umgekehrt gilt für jedes Vielfache $k = qm$ von m:

$$ka = q(ma) = 0 \, .$$

Nun bleibt nur noch zu beweisen, daß $m = \text{ord}(a)$ ist. Dafür genügt es zu zeigen, daß

$$\langle a \rangle = \{0, a, 2a, \ldots, (m-1)a\}$$

gilt. In der Tat sind alle ra für $r \in \{0, \ldots, m-1\}$ paarweise verschieden, denn aus $r_1 a = r_2 a$ folgt $(r_1 - r_2)a = 0$, so daß $r_1 - r_2$ ein Vielfaches von m und damit gleich 0 ist. Außerdem ist jedes $ka = ra$ für den Rest r der Division von k durch m, wie wir oben gesehen haben, so daß wir die zyklische Untergruppe $\langle a \rangle$ tatsächlich so beschreiben können. $\square$

Aus dem Lemma folgt sofort, daß in einer endlichen Gruppe G jedes Element a von der Gruppenordnung annuliert wird:

$$\text{ord}(G)a = 0 \, .$$

Eine Abbildung $f : G \to H$ zwischen zwei Gruppen heißt (Gruppen-) Homomorphismus, falls f mit der Gruppenoperation vertauscht, d.h. falls $f(a + b) = f(a) + f(b)$ für alle $a, b \in G$ gilt. Ein bijektiver Homomorphismus heißt Isomorphismus.

Ist G endlich und $f : G \to H$ ein Gruppenhomomorphismus, so gilt der sogenannte Homomorphiesatz:

$$\text{ord}(G) = \#\text{Kern}(f)\,\#\text{Bild}(f) \, ,$$

wobei Kern $(f) = \{a \in G : f(a) = 0\} \subseteq G$ und Bild $(f) = \{f(a) : a \in G\} \subseteq H$ ist.

Wir wollen nun noch ein weiteres Beispiel für eine endliche abelsche Gruppe studieren.

Für jede natürliche Zahl n können wir auf der Menge der Restklassen $\mathbb{Z}/n\mathbb{Z}$ eine Multiplikation durch

$$(a + n\mathbb{Z}) \cdot (b + n\mathbb{Z}) = (ab) + n\mathbb{Z}$$

definieren. Allerdings ist $\mathbb{Z}/n\mathbb{Z}$ zusammen mit dieser Multiplikation im allgemeinen keine Gruppe. Zwar erfüllt $1 + n\mathbb{Z}$ das Axiom des neutralen Elements, doch müssen nicht immer Inverse existieren. Gilt nämlich $n = kl$ mit natürlichen Zahlen $k > 1$ und $l > 1$, so ist

$$(k + n\mathbb{Z})(l + n\mathbb{Z}) = kl + n\mathbb{Z} = 0 + n\mathbb{Z} = 0 \ .$$

Wäre $\mathbb{Z}/n\mathbb{Z}$ bezüglich der Multiplikation eine Gruppe, so hätte $k + n\mathbb{Z}$ ein multiplikatives Inverses, d.h. es gäbe ein $k' + n\mathbb{Z}$ mit $(k' + n\mathbb{Z})(k + n\mathbb{Z}) = 1 + n\mathbb{Z}$, so daß aus obiger Gleichung nach Multiplikation mit $k' + n\mathbb{Z}$

$$l + n\mathbb{Z} = 0$$

folgte. Da aber $1 < l < n$ ist, kann dies nicht sein.

Wir erhalten allerdings eine Gruppe, wenn wir einfach nur diejenigen Elemente in $\mathbb{Z}/n\mathbb{Z}$ betrachten, die ein multiplikatives Inverses haben. Es sei also

$$(\mathbb{Z}/n\mathbb{Z})^\times = \{a \in \mathbb{Z}/n\mathbb{Z} : \text{ es gibt ein } b \in \mathbb{Z}/n\mathbb{Z} \text{ mit } ab = 1\} \ ,$$

wobei wir auch 1 für $1 + n\mathbb{Z}$ schreiben. $(\mathbb{Z}/n\mathbb{Z})^\times$ bildet dann zusammen mit der Multiplikation eine abelsche Gruppe. Sie heißt Einheitengruppe in $\mathbb{Z}/n\mathbb{Z}$ oder auch **prime Restklassengruppe** modulo n.

Lemma 6.3.3 *Es ist* $(\mathbb{Z}/n\mathbb{Z})^\times = \{a + n\mathbb{Z} : a \text{ ist teilerfremd zu } n\}$.

Beweis: Falls $(a + n\mathbb{Z})(b + n\mathbb{Z}) = 1 + n\mathbb{Z}$ ist, so ist n ein Teiler von $ab - 1$. Jeder gemeinsame Teiler von n und a teilt dann $ab - 1$ und ab, also auch 1. Falls umgekehrt a teilerfremd zu n ist, so folgt aus 6.1.1 die Gleichung

$$1 = xa + yn$$

für gewisse ganze Zahlen x und y.

Gehen wir hier zu Restklassen über, so ist

$$1 + n\mathbb{Z} = xa + n\mathbb{Z} = (x + n\mathbb{Z})(a + n\mathbb{Z}).$$

Daher ist $a + n\mathbb{Z}$ invertierbar.   □

Wir haben in 6.2 schon gesehen, daß wir $\mathbb{Z}/n\mathbb{Z}$ mit der Menge $\{0, 1, \ldots, n - 1\}$ identifizieren können. Unter dieser Identifikation entspricht $(\mathbb{Z}/n\mathbb{Z})^\times$ also der Menge aller $a \in \{0, 1, \ldots, n - 1\}$, die teilerfremd zu n sind. Die Anzahl dieser Elemente bezeichnet man auch mit $\varphi(n)$, d.h. es ist

$$\varphi(n) = \#(\mathbb{Z}/n\mathbb{Z})^\times.$$

Die Funktion φ heißt **Eulersche φ-Funktion**. Sie hat folgende Eigenschaften:

$$\varphi(p) = p - 1 \quad \text{für eine Primzahl } p \text{ und}$$
$$\varphi(mn) = \varphi(m)\varphi(n), \text{ falls ggT}(m, n) = 1.$$

Wenn wir den Satz, daß die Gruppenordnung jedes Element annulliert, auf die Gruppe $(\mathbb{Z}/n\mathbb{Z})^\times$ anwenden, so ergibt sich $(a + n\mathbb{Z})^{\varphi(n)} = 1 + n\mathbb{Z}$ für alle $a + n\mathbb{Z} \in (\mathbb{Z}/n\mathbb{Z})^\times$. Mit anderen Worten, für alle zu n teilerfremden Zahlen a ist

$$a^{\varphi(n)} \equiv 1 \bmod n.$$

Diese Aussage wird manchmal auch "**Kleiner Satz von Fermat**" genannt. Zum Abschluß dieses Abschnittes wollen wir noch kurz das quadratische Reziprozitätsgesetz formulieren.

Definiton 6.3.4 *Eine zu n teilerfremde ganze Zahl a heißt quadratischer Rest modulo n, falls es eine ganze Zahl b gibt mit*

$$a \equiv b^2 \bmod n.$$

Die Zahl a ist also genau dann quadratischer Rest modulo n, falls ihre Restklasse $a + n\mathbb{Z}$ ein Quadrat in $\mathbb{Z}/n\mathbb{Z}$ ist, d.h. falls es eine Restklasse $b + n\mathbb{Z}$ gibt mit

$$a + n\mathbb{Z} = (b + n\mathbb{Z})^2 \quad \text{in } \mathbb{Z}/n\mathbb{Z}.$$

Ab sofort nehmen wir an, daß $n = p$ eine Primzahl ist. Ob a ein quadratischer Rest modulo p ist, drückt man durch das Legendresymbol $\left(\frac{a}{p}\right)$ aus, das folgendermaßen definiert ist: Für jedes zu p teilerfremde a sei

$$\left(\frac{a}{p}\right) = \begin{cases} 1\,, & \text{falls } a \text{ quadratischer Rest modulo } p \text{ ist} \\ -1\,, & \text{sonst}\,. \end{cases}$$

Das Legendresymbol ist multiplikativ, d.h. es gilt

$$\left(\frac{ab}{p}\right) = \left(\frac{a}{p}\right)\left(\frac{b}{p}\right)\,,$$

und es genügt dem folgenden wichtigen Satz:

Satz 6.3.5 (Quadratisches Reziprozitätsgesetz)

i) Für jede Primzahl $p \neq 2$ ist $\left(\frac{-1}{p}\right) = (-1)^{\frac{p-1}{2}}$ und $\left(\frac{2}{p}\right) = (-1)^{\frac{p^2-1}{8}}$.

ii) Für zwei verschiedene ungerade Primzahlen p und q gilt

$$\left(\frac{p}{q}\right) = (-1)^{\frac{(p-1)(q-1)}{4}}\left(\frac{q}{p}\right)\,.$$

Das quadratische Reziprozitätsgesetz erlaubt es, die Rollen von p und q zu vertauschen. Mit Hilfe der offensichtlichen Rechenregel $\left(\frac{q+mp}{p}\right) = \left(\frac{q}{p}\right)$ kann man es daher benutzen, um auszurechnen, ob eine Zahl quadratischer Rest modulo p ist oder nicht. So gilt etwa $\left(\frac{67}{257}\right) = \left(\frac{257}{67}\right) = \left(\frac{56}{67}\right) = \left(\frac{7}{67}\right)\left(\frac{2}{67}\right)^3 = -\left(\frac{7}{67}\right) = \left(\frac{67}{7}\right) = \left(\frac{4}{7}\right) = 1$, d.h. 67 ist ein Quadrat modulo 257.

6.4 Ringe und Körper

Definiton 6.4.1 *Ein Ring ist eine Menge R zusammen mit zwei Verknüpfungen*

$$(a,b) \longmapsto a+b \quad und \quad (a,b) \longmapsto ab\,,$$

so daß folgende Axiome erfüllt sind:

i) $(R,+)$ ist eine abelsche Gruppe, deren neutrales Element wir mit 0 bezeichnen.

ii) Die Multiplikation ist assoziativ, d.h. für $a, b, c \in R$ gilt $a(bc) = (ab)c$.

iii) Es existiert ein neutrales Element 1 bezüglich der Multiplikation, d.h. für alle $a \in R$ ist

$$1a = a1 = a .$$

iv) Es gelten die Distributivgesetze

$$a(b + c) = ab + ac \quad und \quad (b + c)a = ba + ca$$

für alle $a, b, c \in R$.

Falls zusätzlich für alle $a, b \in R$

$$ab = ba$$

gilt, so heißt R kommutativer Ring.

Aus den Axiomen folgt sofort, daß $0a = 0$ für alle $a \in R$ gilt, denn es ist

$$0a + a = 0a + 1a = (0 + 1)a = 1a = a .$$

Ein Beispiel ist der kommutative Ring $\mathbb{Z}$ der ganzen Zahlen mit der gewöhnlichen Addition und Multiplikation.

Ein weiteres Beispiel für einen kommutativen Ring ist die Menge der Restklassen $\mathbb{Z}/n\mathbb{Z}$ zusammen mit der Addition und der Multiplikation, die wir oben definiert haben.

Falls R und R' kommutative Ringe sind, so heißt eine Abbildung

$$f : R \longrightarrow R'$$

Ringhomomorphismus, falls f mit der Addition und der Multiplikation verträglich ist, d.h., falls für alle $a, b \in R$

$$f(a + b) = f(a) + f(b) \quad und \quad f(ab) = f(a)f(b) \quad sowie \quad f(1) = 1$$

gilt. Falls f zusätzlich bijektiv ist, so heißt f Isomorphismus. In diesem Fall schreiben wir $R \simeq R'$.

Der Kern eines Ringhomomorphismus f ist die Menge

$$\text{Kern}\,(f) = \{a \in R : f(a) = 0\} \subseteq R ,$$

das Bild von f ist definiert als

$$\mathrm{Bild}\,(f) = \{f(a) : a \in R\} \subseteq R'\,.$$

Man kann nun – ähnlich wie bei der Definition von $\mathbb{Z}/n\mathbb{Z}$ – einen Quotientenring $R/\mathrm{Kern}\,(f)$ als Menge aller Restklassen modulo $\mathrm{Kern}\,(f)$ definieren. Dann gilt der sogenannte **Homomorphiesatz**:

$$R/\mathrm{Kern}\,(f) \simeq \mathrm{Bild}\,(f)\,.$$

Definiton 6.4.2 *i) Ein kommutativer Ring mit $1 \neq 0$, in dem jedes von Null verschiedene Element ein Inverses bezüglich der Multiplikation hat, heißt Körper.*
ii) Ein Körper F hat die Charakteristik 0, falls für alle natürlichen Zahlen m das Element

$$m1 = \underbrace{1 + \ldots + 1}_{m-\mathrm{mal}}$$

von Null verschieden ist.
Falls es hingegen eine natürliche Zahl m gibt, so daß $m1 = 0$ ist, so heißt die kleinste natürliche Zahl mit dieser Eigenschaft Charakteristik von F.

Man kann leicht zeigen, daß die Charakteristik eines Körper F entweder 0 oder eine Primzahl ist. Wir bezeichnen Sie mit $\mathrm{char}\,(F)$. Falls $\mathrm{char}\,(F) = p \neq 0$ ist, so gilt für alle $a \in F$

$$pa = \underbrace{a + \ldots + a}_{p-\mathrm{mal}} = 0\,,$$

denn es ist $pa = (p1)a$.

Bekannte Beispiele für Körper sind die rationalen Zahlen $\mathbb{Q}$, die reellen Zahlen $\mathbb{R}$ und die komplexen Zahlen $\mathbb{C}$. Alle drei haben Charakteristik 0.

Der Ring $\mathbb{Z}$ der ganzen Zahlen ist offenbar kein Körper, da nur die Elemente 1 und -1 ein Inverses bezüglich der Multiplikation besitzen.

Weitere Beispiele für Körper werden durch bestimmte Restklassenringe gegeben, es gilt nämlich

Lemma 6.4.3 *Der Ring $\mathbb{Z}/n\mathbb{Z}$ ist genau dann ein Körper, wenn n eine Primzahl ist.*

Beweis: Definitionsgemäß ist $\mathbb{Z}/n\mathbb{Z}$ genau dann ein Körper, wenn $n \geq 2$ und

$$(\mathbb{Z}/n\mathbb{Z})^\times = (\mathbb{Z}/n\mathbb{Z}) \setminus \{0\}$$

gilt. Nach 6.3.3 bedeutet dies, daß jede Zahl aus $\{1, 2, \ldots, n-1\}$ teilerfremd zu n ist, mit anderen Worten, daß n Primzahl ist. $\square$

Für jede Primzahl p ist $\mathbb{Z}/p\mathbb{Z}$ also ein Körper, den wir auch mit $\mathbb{F}_p$ bezeichnen. $\mathbb{F}_p$ hat p Elemente, nämlich die Restklassen vertreten durch $0, 1, \ldots, p-1$. Definitionsgemäß gilt für alle $y \in \mathbb{Z}$

$$py \equiv 0 \bmod p\,,$$

so daß für jedes $x \in \mathbb{F}_p$ die Gleichung $px = 0$ folgt. Eine solche Gleichung kann für keine kleinere Zahl $m > 0$ erfüllt sein, denn aus $m1 = 0$ in $\mathbb{F}_p$ folgte $m \equiv 0 \bmod p$, was für $0 < m < p$ unmöglich ist. Daher hat $\mathbb{F}_p$ die Charakteristik p.

Für alle $a \in \mathbb{F}_p$ gilt die Gleichung

$$a^p = a\,.$$

Die ist klar für $a = 0$ und folgt für $a \neq 0$ aus dem kleinen Satz von Fermat (siehe 6.3), der besagt, daß in $\mathbb{F}_p^\times$

$$a^{p-1} = a^{\varphi(p)} = 1$$

gilt.

Wir haben nun für jede Primzahl p einen endlichen Körper mit p Elementen der Charakteristik p kennengelernt. Es gibt allerdings noch mehr endliche Körper. Um diese zu definieren, benötigen wir zuvor einige Tatsachen über Polynome.

6.5 Polynome

Es sei F ein Körper. Ein Polynom über F in den n Variablen $x_1, \ldots, x_n$ ist ein Ausdruck der Form

$$f(x_1, \dots, x_n) = \sum_{\nu_1, \dots, \nu_n \geq 0} \gamma_{\nu_1, \dots, \nu_n} x_1^{\nu_1} \dots x_n^{\nu_n}$$

mit Koeffizienten $\gamma_{\nu_1, \dots, \nu_n} \in F$, von denen nur endlich viele ungleich Null sind. Die Menge aller Polynome über F in $x_1, \dots, x_n$ bezeichnen wir mit

$$F[x_1, \dots, x_n].$$

Man kann zwei Polynome auf natürliche Weise addieren und multiplizieren, so daß $F[x_1, \dots, x_n]$ zu einem kommutativen Ring wird.

Für ein Polynom $f(x_1, \dots, x_n) = \sum_{\nu_1, \dots, \nu_n \geq 0} \gamma_{\nu_1, \dots, \nu_n} x_1^{\nu_1} \dots x_n^{\nu_n} \in F[x_1, \dots, x_n]$ ist für alle $j = 1, \dots, n$ die Ableitung $\frac{\partial f}{\partial x_j}$ folgendermaßen definiert:

$$\frac{\partial f}{\partial x_j}(x_1, \dots, x_n) = \sum_{\nu_1, \dots, \nu_n \geq 0, \nu_j > 0} \gamma_{\nu_1, \dots, \nu_n} \, \nu_j \, x_1^{\nu_1} \dots x_j^{\nu_j - 1} \dots x_n^{\nu_n}.$$

$\frac{\partial f}{\partial x_j}$ ist also wieder ein Polynom in $F[x_1, \dots, x_n]$.

Auf diese Weise können wir Polynome über beliebigen Körpern ableiten. Falls $F = \mathbb{R}$ ist, so stimmt unsere Definition natürlich mit der üblichen Definition über Grenzwerte überein.

Man kann leicht nachrechnen, daß für alle $a \in F$ und alle Polynome $f, g \in F[x_1, \dots, x_n]$ die Regeln

$$\frac{\partial(af)}{\partial x_j} = a \frac{\partial f}{\partial x_j} \quad \text{und} \quad \frac{\partial(f + g)}{\partial x_j} = \frac{\partial f}{\partial x_j} + \frac{\partial g}{\partial x_j}$$

gelten. Außerdem gilt die **Produktregel**

$$\frac{\partial(f \cdot g)}{\partial x_j} = f \frac{\partial g}{\partial x_j} + g \frac{\partial f}{\partial x_j}$$

und die **Kettenregel**, die besagt, daß für $g_1, \dots, g_m \in F[x_1, \dots, x_n]$ und $f \in F[x_1, \dots, x_m]$

$$\frac{\partial(f(g_1, \dots, g_m))}{\partial x_j}(x_1, \dots, x_n) = \frac{\partial f}{\partial x_1}(g_1, \dots, g_m) \frac{\partial g_1}{\partial x_j}(x_1, \dots, x_n) +$$

$$\dots + \frac{\partial f}{\partial x_m}(g_1, \dots, g_m) \frac{\partial g_m}{\partial x_j}(x_1, \dots, x_n)$$

ist. Hier ist $f(g_1, \dots, g_m)$ das Polynom, das entsteht, wenn man anstelle der Variablen $x_1, \dots, x_m$ die Polynome $g_1, \dots, g_m$ in f einsetzt.

Ein Polynom in einer Variablen $f(x) \in F[x]$ sieht einfach so aus:

$$f(x) = \gamma_k x^k + \ldots + \gamma_1 x + \gamma_0$$

für gewisse $\gamma_i \in F$. Falls $f \neq 0$ ist, so heißt das kleinste m mit $\gamma_m \neq 0$ der Grad von f. Wir bezeichnen diesen auch mit $\deg(f)$.

Man kann in $f(x)$ Elemente aus F einsetzen und erhält so eine Abbildung

$$f : F \longrightarrow F$$
$$b \longmapsto f(b).$$

Ein Element $b \in F$ heißt Nullstelle von $f(x)$, falls $f(b) = 0$ ist. Dies ist genau dann der Fall, wenn $(x - b)$ ein Teiler von $f(x)$ im Polynomring $F[x]$ ist.

Falls b eine Nullstelle von $f \neq 0$ ist, so gibt es ein $k \geq 1$, so daß $f(x)$ im Polynomring $F[x]$ durch $(x - b)^k$, aber nicht mehr durch $(x - b)^{k+1}$ teilbar ist. Diese Zahl k heißt **Ordnung der Nullstelle** b. Ist $f(b) \neq 0$, so definiert man die Nullstellenordnung von f in b als 0.

Für ein Polynom $f(x) \in F[x]$ können wir den Restklassenring

$$F[x]/(f)$$

betrachten. Die Konstruktion von $F[x]/(f)$ ist ganz ähnlich wie die von $\mathbb{Z}/n\mathbb{Z}$: Seine Elemente sind gerade die Restklassen

$$g + fF[x]$$

für $g \in F[x]$, wobei $fF[x]$ die Menge $\{fh : h \in F[x]\}$ aller Vielfachen von f ist. Zwei Polynome g_1 und g_2 definieren also genau dann dieselbe Restklasse, wenn f ein Teiler von $g_1 - g_2$ im Polynomring ist. Wir nennen g einen Vertreter der Restklasse $g + fF[x]$ und definieren die Addition bzw. Multiplikation von Restklassen über die Addition bzw. Multiplikation ihrer Vertreter, also etwa

$$(g_1 + fF[x]) + (g_2 + fF[x]) = (g_1 + g_2) + fF[x].$$

Auf diese Weise wird $F[x]/(f)$ zu einem kommutativen Ring. Ähnlich wie in $\mathbb{Z}$ gibt es im Polynomring $F[x]$ eine Division mit Rest: Für $g(x), h(x) \in F[x]$ mit $h \neq 0$ gibt es Polynome $q(x), r(x) \in F[x]$ mit $r = 0$ oder $\deg r < \deg h$, so daß

$$g(x) = q(x)h(x) + r(x)$$

ist. Die Polynome q und r mit diesen Eigenschaften sind eindeutig bestimmt. Daher gibt es für jede Restklasse in $F[x]/(f)$ genau einen Vertreter g, für den entweder $g = 0$ oder $\deg g < \deg f$ gilt.

Definiton 6.5.1 *Ein Polynom $f(x) \in F[x]$ vom Grad ≥ 1 heißt irreduzibel, wenn es nicht als Produkt zweier Polynome in $F[x]$, die beide vom Grad ≥ 1 sind, geschrieben werden kann.*

Damit können wir folgende wichtige Tatsache formulieren: Ist $f(x)$ ein irreduzibles Polynom, so ist der Restklassenring $F[x]/(f)$ ein Körper.

Der Körper F ist in $F[x]/(f)$ enthalten, wenn wir $a \in F$ mit der Restklasse des konstanten Polynoms a identifizieren.

6.6 Endliche Körper

Es sei p eine Primzahl und $\mathbb{F}_p = \mathbb{Z}/p\mathbb{Z}$ der endliche Körper mit p Elementen.

Für jede natürliche Zahl r gibt es dann ein irreduzibles Polynom $f(x) \in \mathbb{F}_p[x]$ vom Grad r. Somit ist

$$\mathbb{F}_p[x]/(f)$$

ein Körper, der $\mathbb{F}_p$ enthält.

Da $\mathbb{F}_p[x]/(f)$ gerade aus den Restklassen aller Polynome in $\mathbb{F}_p[x]$ besteht, die Null oder von kleinerem Grad als f sind, hat $\mathbb{F}_p[x]/(f)$ genau p^r Elemente. Der Körper $\mathbb{F}_p[x]/(f)$ ist im wesentlichen (d.h. genauer gesagt bis auf Isomorphie) der einzige Körper mit p^r Elementen, wir bezeichnen ihn daher auch mit $\mathbb{F}_{p^r}$.

Es gilt sogar: Jeder Körper F mit endlich vielen Elementen ist einer dieser Körper $\mathbb{F}_{p^r}$.

Da $\mathbb{F}_{p^r}$ den Körper $\mathbb{F}_p$ enthält, gilt $p \cdot 1 = 0$ im $\mathbb{F}_{p^r}$, so daß $\operatorname{char}(\mathbb{F}_{p^r}) = p$ folgt. Wir schreiben oft $q = p^r$ und $\mathbb{F}_q = \mathbb{F}_{p^r}$. Um eine konkrete Beschreibung der Elemente von $\mathbb{F}_q$ zu erhalten, kann man $\mathbb{F}_q = \mathbb{F}_p[X]/(f)$ mit der Menge der Polynome in $\mathbb{F}_p[x]$ vom Grad kleiner r (inklusive 0) identifizieren:

$$\mathbb{F}_q = \{a_{r-1}x^{r-1} + \ldots + a_1 x + a_0 : a_i \in \mathbb{F}_p\} \, .$$

Diese wiederum kann man durch die Vektoren $(a_{r-1} \ldots a_0) \in \mathbb{F}_p^r$ darstellen. Will man mit solchen Vektoren rechnen, so rechnet man mit den zugehörigen Polynomen und reduziert das Ergebnis modulo f. Das wollen wir an einem Beispiel verdeutlichen:

Es sei $q = 8 = 2^3$. Das Polynom

$$f(x) = x^3 + x + 1$$

ist irreduzibel über $\mathbb{F}_2$, also ist

$$\mathbb{F}_8 = \mathbb{F}_2[x]/(f) \, .$$

Die Elemente von $\mathbb{F}_8$ kann man identifizieren mit der Menge

$$\{(000), (001), (010), (011), (100), (101), (110), (111)\} \, ,$$

und man rechnet zum Beispiel:

$$(010) \cdot (111) = (101) \, ,$$

denn (010) bzw. (111) entsprechen den Polynomen x bzw. $x^2 + x + 1$, und es gilt

$$x(x^2 + x + 1) = x^3 + x^2 + x = (x^3 + x + 1) + (x^2 + 1) \quad \text{in } \mathbb{F}_2[x] \, ,$$

so daß die Restklasse von $x(x^2 + x + 1)$ durch $(x^2 + 1)$ gegeben wird.

(Statt $f(x)$ hätte man auch das irreduzible Polynom $x^3 + x^2 + 1$ zur Konstruktion von F_8 nehmen können, dann würden sich entsprechend andere Rechenregeln für die Vektoren ergeben.)

In dem folgenden Satz stellen wir noch zwei wichtige Eigenschaften endlicher Körper zusammen:

Satz 6.6.1 *Es sei* $q = p^r$. *Dann gilt für den endlichen Körper* $\mathbb{F}_q$:

i) *Für alle* $a \in \mathbb{F}_q$ *ist* $a^q = a$. *Es gilt sogar die Polynomgleichung*

$$x^q - x = \prod_{a \in \mathbb{F}_q} (x - a) \quad \text{in } \mathbb{F}_q[x] \, .$$

ii) Die multiplikative Gruppe $\mathbb{F}_q^\times = \mathbb{F}_q \setminus \{0\}$ ist zyklisch.

Eine weitere wichtige Rechenregel in endlichen Körpern wollen wir zum Abschluß ebenfalls noch festhalten. Sie gilt allgemeiner in jedem Körper der Charakteristik p:

Lemma 6.6.2 *Sei F ein beliebiger Körper der Charakteristik $p > 0$. Dann gilt für $a, b \in F$ und alle natürlichen Zahlen t:*

$$(a + b)^{p^t} = a^{p^t} + b^{p^t}.$$

6.7 Algebraisch abgeschlossene Körper

Definiton 6.7.1 *Ein Körper F heißt algebraisch abgeschlossen, wenn sich jedes Polynom $f(x) \in F[x]$ von positivem Grad als Produkt von Polynomen vom Grad 1 schreiben läßt, d.h. wenn*

$$f(x) = d(x - c_1) \ldots (x - c_m)$$

für Elemente c_i, d aus F gilt. In diesem Fall ist $m = \deg(f)$ und d der Koeffizient vor x^m.

Insbesondere hat also jedes Polynom von positivem Grad eine Nullstelle in F, falls F algebraisch abgeschlossen ist.

Ein Beispiel für einen algebraisch abgeschlossenen Körper ist der Körper $\mathbb{C}$ der komplexen Zahlen.

Man kann jeden Körper F in einen algebraisch abgeschlossenen Körper einbetten. Es gibt einen kleinsten algebraisch abgeschlossenen Erweiterungskörper von F. Dieser heißt algebraischer Abschluß von F. Wir bezeichnen ihn mit $\overline{F}$.

So ist z.B. der Körper $\mathbb{C}$ der komplexen Zahlen der algebraische Abschluß des Körpers $\mathbb{R}$ der reellen Zahlen. Das Polynom $f(x) = x^2 + 1$ etwa läßt sich in $\mathbb{R}[x]$ nicht als Produkt von Polynomen vom Grad 1 schreiben, wohl aber in $\mathbb{C}[x]$, wo $f(x) = (x - i)(x + i)$ gilt.

Der algebraische Abschluß $\overline{\mathbb{F}_p}$ des endlichen Körpers $\mathbb{F}_p$ enthält für alle $r \geq 1$ einen endlichen Körper $\mathbb{F}_{p^r}$ mit p^r Elementen. Umgekehrt ist jedes Element von $\overline{\mathbb{F}_p}$ schon in einem dieser $\mathbb{F}_{p^r}$ enthalten.

6.8 Einheitswurzeln

Es sei F ein Körper. Ein Element $a \in F$ mit $a^m = 1$ heißt m-te Einheitswurzel in F. Wir bezeichnen die Menge der m-ten Einheitswurzeln in F mit

$$\mu_m(F) = \{a \in F : a^m = 1\}.$$

$\mu_m(F)$ besteht also aus allen Nullstellen des Polynoms $x^m - 1$ in F. Bezüglich der Körpermultiplikation ist $\mu_m(F)$ eine Untergruppe von $F^\times$.

Falls m teilerfremd zu p und F der algebraische Abschluß $F = \overline{\mathbb{F}}_q$ für ein $q = p^r$ ist, so besteht $\mu_m(F)$ aus m Elementen. Daher muß es ein s geben, so daß $\mathbb{F}_{p^s}$ alle diese Elemente enthält. Dann ist $\mu_m(\overline{\mathbb{F}}_q)$ also eine Untergruppe der zyklischen Gruppe $\mathbb{F}_{p^s}^\times$ und somit selbst eine zyklische Gruppe.

Jeder Erzeuger der zyklischen Gruppe $\mu_m(\overline{\mathbb{F}}_q)$ heißt primitive m-te Einheitswurzel. Es gibt genau $\varphi(m)$ primitive m-te Einheitswurzeln, wobei φ die Eulersche φ-Funktion ist. Falls nämlich ζ ein beliebiger Erzeuger von $\mu_m(\overline{\mathbb{F}}_q)$ ist, so ist ein anderes Element ζ^k genau dann ein Erzeuger, wenn es ein l gibt mit $\zeta^{kl} = \zeta$, d.h. mit $kl \equiv 1 \bmod m$. Also ist ζ^k genau dann ein Erzeuger von $\mu_m(\overline{\mathbb{F}}_q)$, wenn k in $(\mathbb{Z}/m\mathbb{Z})^\times$ liegt.

6.9 p-adische Zahlen

Es sei p eine Primzahl. Für jede natürliche Zahl $n \geq 1$ betrachten wir den Restklassenring $\mathbb{Z}/p^n\mathbb{Z}$. Die Restklassenabbildung $\mathbb{Z} \to \mathbb{Z}/p^n\mathbb{Z}$, die x auf $(x \bmod p^n)$ abbildet, verschwindet auf $p^m\mathbb{Z}$ für alle $m \geq n$, d.h. wir haben Restklassenabbildungen $\mathbb{Z}/p^m\mathbb{Z} \to \mathbb{Z}/p^n\mathbb{Z}$. Insbesondere erhalten wir Abbildungen $\rho_n : \mathbb{Z}/p^{n+1}\mathbb{Z} \to \mathbb{Z}/p^n\mathbb{Z}$. Wir definieren nun einen neuen Ring $\mathbb{Z}_p$ als Menge aller Folgen $(x_n)_{n \geq 1}$ für $x_n \in \mathbb{Z}/p^n\mathbb{Z}$, die unter diesen Restklassenabbildungen zusammenpassen:

$$\mathbb{Z}_p = \{(x_n)_{n \geq 1} : x_n \in \mathbb{Z}/p^n\mathbb{Z} \text{ mit } \rho_n(x_{n+1}) = x_n \text{ für alle } n \geq 1\}.$$

(Man sagt auch, $\mathbb{Z}_p$ ist der inverse Limes der $\mathbb{Z}/p^n\mathbb{Z}$.)

Man kann die Elemente in $\mathbb{Z}_p$ komponentenweise addieren und multiplizieren und so eine Ringstruktur auf $\mathbb{Z}_p$ definieren. Der Ring $\mathbb{Z}$ der ganzen Zahlen läßt sich über die Abbildung

$$\mathbb{Z} \longrightarrow \mathbb{Z}_p$$
$$x \longmapsto (x \bmod p^n)_{n \geq 1}$$

als Unterring von $\mathbb{Z}_p$ auffassen.

Da $\mathbb{Z}/p\mathbb{Z} = \mathbb{F}_p$ der endliche Körper mit p Elementen ist, so ist die Projektion auf die erste Komponente einer Folge in $\mathbb{Z}_p$ ein Ringhomomorphismus

$$\pi : \mathbb{Z}_p \longrightarrow \mathbb{F}_p$$
$$(x_n)_{n \geq 1} \longmapsto x_1 \, .$$

Dieser ist offensichtlich surjektiv, und sein Kern besteht aus allen Folgen $(x_n)_{n \geq 1}$ in $\mathbb{Z}_p$ mit $x_1 = 0$. Offenbar ist die Menge $p\mathbb{Z}_p$ aller Vielfachen von p im Kern enthalten, da $\pi(p(x_n)_{n \geq 1}) = px_1 = 0$ ist. Falls umgekehrt für eine Folge $(x_n)_{n \geq 1}$ in $\mathbb{Z}_p$ die erste Komponente $x_1 = 0$ ist, so bildet für alle $n \geq 1$ die Restklassenabbildung $\mathbb{Z}/p^{n+1}\mathbb{Z} \to \mathbb{Z}/p\mathbb{Z}$ das Element x_{n+1} auf 0 ab. Für jedes $a_{n+1} \in \mathbb{Z}$ mit $a_{n+1} \equiv x_{n+1} \bmod p^{n+1}$ ist also $a_{n+1} \equiv 0 \bmod p$, d.h. es ist $a_{n+1} = pb_n$ für ein $b_n \in \mathbb{Z}$. Es sei nun y_n die Restklasse von b_n in $\mathbb{Z}/p^n\mathbb{Z}$. Dann ist $(y_n)_{n \geq 1}$ ein Element von $\mathbb{Z}_p$: Da $(x_n)_{n \geq 1}$ in $\mathbb{Z}_p$ liegt, gilt nämlich $a_{n+2} \equiv a_{n+1} \bmod p^{n+1}$, woraus $pb_{n+1} \equiv pb_n \bmod p^{n+1}$, also $b_{n+1} \equiv b_n \bmod p^n$ folgt.

Offenbar ist $p(y_n)_{n \geq 1} = (x_n)_{n \geq 1}$, da $pb_n = a_{n+1} \equiv a_n \equiv x_n \bmod p^n$ ist. Daher ist $(x_n)_{n \geq 1}$ in $p\mathbb{Z}_p$ enthalten. Insgesamt erhalten wir

$$\mathrm{Ker}\, \pi = p\mathbb{Z}_p \, ,$$

so daß nach dem Homomorphiesatz $\mathbb{Z}_p/p\mathbb{Z}_p \simeq \mathbb{F}_p$ ist.

Auf ganz analoge Weise zeigt man für alle $n \geq 1$

$$p^n\mathbb{Z}_p = \{(\underbrace{0, \ldots, 0}_{n}, x_{n+1}, x_{n+2} \ldots) \in \mathbb{Z}_p\} \, .$$

Also hat insbesondere der surjektive Homomorphismus abelscher Gruppen

$$p\mathbb{Z}_p \longrightarrow \mathbb{F}_p \, , \text{ gegeben durch}$$
$$p \cdot (x_1, x_2, \ldots) \longmapsto x_1$$

den Kern $p^2\mathbb{Z}_p$, so daß

$$p\mathbb{Z}_p/p^2\mathbb{Z}_p \simeq \mathbb{F}_p$$

als abelsche Gruppe gilt. Wir können nun die Einheitengruppe $\mathbb{Z}_p^\times$ von $\mathbb{Z}_p$ bestimmen. (Definitionsgemäß ist $\mathbb{Z}_p^\times = \{x \in \mathbb{Z}_p : \text{es gibt ein } y \in \mathbb{Z}_p \text{ mit } xy = 1\}$.)

Lemma 6.9.1 *Es ist $\mathbb{Z}_p^\times = \mathbb{Z}_p \backslash p\mathbb{Z}_p$. Ein Element in $\mathbb{Z}_p$ ist also genau dann invertierbar, wenn es nicht ein Vielfaches von p ist.*

Beweis: Für $x \in p\mathbb{Z}_p$ gilt $\pi(x) = 0$. Ein solches Element kann also nicht invertierbar sein. Falls $x = (x_n)_{n \geq 1}$ hingegen nicht in $p\mathbb{Z}_p$ liegt, so ist $x_1 = \pi(x) \in \mathbb{F}_p$ invertierbar. Für alle $n \geq 1$ sei $a_n \in \mathbb{Z}$ ein Element mit $a_n \equiv x_n \bmod p^n$. Dann ist insbesondere $a_n \equiv x_1 \bmod p$. Für $b \in \mathbb{Z}$ mit $b \equiv x_1^{-1} \bmod p$ gilt also $a_n b \equiv 1 \bmod p$, d.h. $a_n b = 1 - pc_n$ für ein $c_n \in \mathbb{Z}$. Also folgt mit der geometrischen Summenformel

$$a_n b(1 + pc_n + p^2 c_n^2 + \ldots + p^{n-1} c_n^{n-1})$$
$$= a_n b \frac{1 - p^n c_n^n}{1 - pc_n} = 1 - p^n c_n^n \equiv 1 \bmod p^n \,.$$

Definieren wir also $y_n \in \mathbb{Z}/p^n\mathbb{Z}$ als Restklasse von $b(1 + pc_n + p^2 c_n^2 + \ldots + p^{n-1} c_n^{n-1})$, so ist $(y_n)_{n \geq 1}$ ein Element von $\mathbb{Z}_p$ und invers zu $(x_n)_{n \geq 1}$. $\square$

Aus diesem Lemma folgt sofort, daß sich jedes von Null verschiedene Element $x = (x_n)_{n \geq 1}$ aus $\mathbb{Z}_p$ schreiben läßt als $p^m u$ für ein $m \geq 0$ und eine Einheit $u \in \mathbb{Z}_p^\times$. Es sei nämlich m der größte Index, so daß $x_1 = x_2 = \ldots = x_m = 0$ ist. Dann ist x in $p^m\mathbb{Z}_p$, aber nicht in $p^{m+1}\mathbb{Z}_p$. Wir können x also darstellen als $x = p^m u$ mit einem $u \in \mathbb{Z}_p \backslash p\mathbb{Z}_p = \mathbb{Z}_p^\times$.

Die Menge

$$\mathbb{Q}_p = \left\{ \frac{a}{b} : a \in \mathbb{Z}_p, b \in \mathbb{Z}_p \backslash \{0\} \right\}$$

aller Brüche mit nicht-verschwindendem Nenner, versehen mit den üblichen Rechenregeln, ist ein Körper. Diesen bezeichnet man mit $\mathbb{Q}_p$ und nennt ihn auch "Körper der p-adischen Zahlen". Er enthält den Ring $\mathbb{Z}_p$, den wir über $x \mapsto \frac{x}{1}$ in $\mathbb{Q}_p$ einbetten können, und den Körper $\mathbb{Q}$ der rationalen Zahlen. Da wir $a, b \neq 0$ in $\mathbb{Z}_p$ schreiben können als $a = p^{m_a} u_a$ und $b = p^{m_b} u_b$ mit $u_a, u_b \in \mathbb{Z}_p^\times$, gilt $\frac{a}{b} = p^{m_a - m_b} \frac{u_a}{u_b}$. Jedes Element x in $\mathbb{Q}_p^\times$ läßt sich also schreiben als $x = p^m u$ für ein $m \in \mathbb{Z}$ und ein $u \in \mathbb{Z}_p^\times$. Falls $m \geq 0$ ist, so liegt x in $\mathbb{Z}_p$. Daher gilt für jedes $x \in \mathbb{Q}_p^\times$, daß x oder x^{-1} in $\mathbb{Z}_p$ liegen.

Der Ring $\mathbb{Z}_p$ und der Körper $\mathbb{Q}_p$ haben einige nützliche Eigenschaften, die die viel kleineren Mengen $\mathbb{Z}$ und $\mathbb{Q}$ nicht haben. So kann man zum Beispiel Nullstellen von Polynomen über $\mathbb{F}_p$ mit Hilfe des Henselschen Lemmas nach $\mathbb{Z}_p$ liften:

Henselsches Lemma: *Es sei*

$$f(x) = a_n x^n + \ldots + a_1 x + a_0 \in \mathbb{Z}_p[x]$$

ein Polynom mit Koeffizienten in $\mathbb{Z}_p$. Mit $\pi(f)$ bezeichnen wir das Polynom $\pi(f)(x) = \pi(a_n)x^n + \ldots + \pi(a_1)x + \pi(a_0)$ in $\mathbb{F}_p[x]$. Falls $\pi(f)$ eine Nullstelle $\alpha \in \mathbb{F}_p$ hat, für die die Ableitung $\frac{\partial \pi(f)}{\partial x}(\alpha) \neq 0$ ist, so besitzt f eine Nullstelle $\beta \in \mathbb{Z}_p$ mit $\pi(\beta) = \alpha$.

6.10 Komplexität

Um die Größenordnung abzuschätzen, mit der eine Funktion wächst, bedient man sich oft folgender nützlicher Schreibweise:

Definiton 6.10.1 *Es seien $f : \mathbb{N} \to \mathbb{R}$ und $g : \mathbb{N} \to \mathbb{R}$ zwei reellwertige Funktionen auf den natürlichen Zahlen. Dann schreiben wir*

$$f = O(g) \, ,$$

falls es eine Konstante $c > 0$ und eine natürliche Zahl n_0 gibt, so daß

$$0 < f(n) \leq cg(n)$$

für alle $n \geq n_0$ gilt.

Als Beispiel betrachten wir die Funktion f, die jeder natürlichen Zahl die Länge ihrer Binärentwicklung, d.h. die Länge des Bitstrings, mit dem man n darstellen kann, zuordnet. Wir haben in 6.1 gesehen, daß

$$f(n) = [\log_2 n] + 1$$

gilt. Daher ist für $n \geq 2$

$$0 < f(n) \leq \log_2 n + 1 = \frac{\log n}{\log 2} + 1 = \log n \left(\frac{1}{\log 2} + \frac{1}{\log n} \right),$$

wobei log den natürlichen Logarithmus bezeichnet.

Da sich $\frac{1}{\log n}$ für $n \geq 2$ durch eine positive Konstante nach oben abschätzen läßt, folgt

$$f(n) = O(\log n) \ .$$

Um die Effektivität verschiedener Algorithmen miteinander zu vergleichen, ist es nützlich, die Größenordnung ihrer Laufzeiten zu bestimmen. Hier ist die Laufzeit eines Algorithmus mit einem bestimmten Input die Anzahl der ausgeführten Schritte in einem bestimmten Sinn. Solche Schritte können z.b. Bitoperationen oder bestimmte Rechenoperationen, etwa Gruppenoperationen, sein. Die Anzahl der Bits, die notwendig sind, um den Input eines Algorithmus darzustellen, nennt man auch Inputgröße.

Definiton 6.10.2 *i) Ein Algorithmus hat polynomiale Laufzeit, falls es eine natürliche Zahl k und eine obere Schranke für seine Laufzeit bei Inputs der Größe n von der Form $O(n^k)$ gibt.*
ii) Ein Algorithmus hat exponentielle Laufzeit, falls es eine positive Konstante c und eine obere Schranke für seine Laufzeit bei Inputs der Größe n von der Form $O(\exp(cn))$ gibt.

Im Zusammenhang mit dem DL-Problem in einer endlichen abelschen Gruppe stellt sich oft die Frage, ob es einen Algorithmus subexponentieller Laufzeit gibt.

Definiton 6.10.3 *Ein Algorithmus, der als Input entweder die Zahl q oder Elemente des endlichen Körpers $\mathbb{F}_q$ erhält, hat subexponentielle Laufzeit, falls diese von der Form*

$$L_q[\alpha, c] = O(\exp(c(\log q)^\alpha (\log \log q)^{1-\alpha}))$$

ist. Hier sind c und α Konstanten mit

$$c > 0 \quad und \quad 0 < \alpha < 1 \ .$$

Viele interessante Algorithmen sind probabilistisch, d.h. sie treffen in ihrem Verlauf zufällige Wahlen. Ihr Ergebnis ist also nicht vollständig durch den Input determiniert. In diesem Fall sind Laufzeiten immer als erwartete Laufzeiten zu verstehen, siehe [Hb], Abschnitt 2.3.4.

Literaturverzeichnis

[Am] Y. Amice: Les nombres p-adiques. Presses Universitaires de France 1975.

[Ba-Ko] R. Balasubramanian, N. Koblitz: *The Improbability that an elliptic curve has subexponential discrete log problem under the Menenzes-Okamoto-Vanstone algorithm.* J. Cryptology **11** (1998), 141-145.

[BSS] I.F. Blake, G. Seroussi, N.P. Smart: Elliptic curves in cryptography. London Mathematical Society Lecture Note Series 265. Cambridge University Press 1999.

[Bu] J. Buchmann: Einführung in die Kryptographie. Springer 1999.

[Co] H. Cohen: A course in computational algebraic number theory. Graduate Texts in Mathematics 138. Springer 1993.

[EG] T. ElGamal: *A public key cryptosystem and a signature scheme based on discrete logarithms.* IEEE Trans. Inform. Theory **31** 469-472.

[Fr-Rü] G. Frey, H.-G. Rück: *A remark concerning m-divisibility and the discrete logarithm in the divisor class group of curves.* Math. Comp. **62** (1994) 865-874.

[FMR] G. Frey, M. Müller, H.-G. Rück: *The Tate pairing and the discrete logarithm applied to elliptic curve cryptosystems.* IEEE Trans. Inform. Theory **45** (1999) 1717-1719.

[Fu] W. Fulton: Algebraic Curves. An introduction to algebraic geometry. W.A. Benjamin 1969.

[Ha] R. Hartshorne: Algebraic Geometry. Graduate Texts in Mathematics 52. Springer 1977.

[Hb] A.J. Menezes, P.C. van Oorschot, S.A. Vanstone: Handbook of applied cryptography. CRC Press Series on Discrete Mathematics and its Applications. CRC Press 1997.

[JMV] D. Johnson, A.J. Menezes, S.A. Vanstone: *The Elliptic Curve Digital Signature Algorithm (ECDSA)*. Technical report CORR 99-34. Dept. of C & O, University of Waterloo, Canada.

[Kna] A. Knapp: Elliptic Curves. Mathematical Notes 40. Princeton University Press 1992.

[Ko] N. Koblitz: *Cryptography*. In: B. Engquist, W. Schmid (eds): Mathematics Unlimited - 2001 and beyond. Springer 2001, 749-769.

[Le] H.W. Lenstra: *Factoring integers with elliptic curves*. Ann. Math. **126** (1987) 649-673.

[Le-Le] A.K. Lenstra, H.W. Lenstra: *Algorithms in number theory*. In: Handbook of theoretical computer science. Volume A. Elsevier 1990, 673-715.

[Le-Ver] A.K. Lenstra, E.R. Verheul: *Selecting cryptographic key sizes*. Erscheint in J. Cryptology.

[Li-Nie] R. Lidl, H. Niederreiter: Introduction to finite fields and their applications. Cambridge University Press 1986.

[Me] A.J. Menezes: Elliptic curve public key cryptosystems. The Kluwer International Series in Engineering and Computer Science 234. Kluwer Academic Publishers 1993.

[MOV] A.J. Menezes, T. Okamoto, S.A. Vanstone: *Reducing elliptic curve logarithms to logarithms in a finite field*. IEEE Trans. Inform. Theory **39** (1993) 1639-1646.

[Sa-Ar] T. Satoh, K. Araki: *Fermat quotients and the polynomial time discrete log algorithm for anomalous elliptic curves*. Comment. Math. Univ. St. Paul. **47** (1998) 81-92.

[Sch1] R. Schoof: *Elliptic curves over finite fields and the computation of square roots mod p*. Math. Comp. **44** (1985) 483-494.

[Sch2] R. Schoof: *Nonsingular plane cubic curves over finite fields*. J. Combin. Theory Ser. A **46** (1987) 183-211.

[Sch3] R. Schoof: *Counting points on elliptic curves over finite fields*. J. Théor. Nombres Bordeaux **7** (1995) 219-254.

[Se] I.A. Semaev: *Evaluation of discrete logarithms in a group of p-torsion points on an elliptic curve in characteristic p*. Math. Comp. **67** (1998) 353-356.

[Si] J.H. Silverman: The arithmetic of elliptic curves. Graduate Texts in Mathematics 106. Springer 1986.

[Sm] N. Smart: *The discrete logarithm problem on elliptic curves of trace one*. J. Cryptology **12** (1999) 193-196.

[vO-Wie] P.C. van Oorschot, M.J. Wiener: *Parallel collision search with cryptanalytic applications*. J. Cryptology **12** (1999) 1-28.

[Wa] W.C.. Waterhouse: *Abelian varieties over finite fields*. Ann. Sci. Ecole Norm. Sup. **2** (1969) 521-560.

Sachverzeichnis